In der Reihe »BLV Naturführer« sind erschienen:

Alpenblumen
Bach · Fluss · See
Bäume und Sträucher
Fische
Greifvögel und Eulen
Heilpflanzen
Heimische Pflanzen
Insekten
Käfer
Mineralien, Gesteine
Moose, Farne und Flechten
Muscheln und Schnecken
Pflanzen und Tiere des Waldes
Pilze
Schmetterlinge
Singvögel
Spuren und Fährten unserer Tiere
Sterne und Sternbilder
Strand und Wattenmeer
Tagfalter
Tiere in Wald und Flur
Tierkinder
Unsere schönsten Wildpflanzen
Versteinerungen
Vögel
Vögel am Futterhaus
Wald- und Parkbäume
Wasservögel und Strandvögel
Wolkenbilder, Wettervorhersage

Weitere »BLV Naturführer« sind in Vorbereitung.

Georg Quedens

Strand und Wattenmeer

Tiere und Pflanzen an Nord- und Ostsee – ein Biotopführer

blv

Bibliografische Information
Der Deutschen Bibliothek
Die Deutsche Bibliothek verzeichnet diese Publikation in der Deutschen Nationalbibliografie; detaillierte bibliografische Daten sind im Internet über http://dnb.ddb.de abrufbar.

BLV Verlagsgesellschaft mbH
München Wien Zürich
80797 München

8., durchgesehene Auflage

BLV Naturführer

Lektorat: Dr. Friedrich Kögel

Umschlagentwurf: Studio Schübel, München

Satz und Druck: Appl, Wemding
Bindung: Auer, Donauwörth

Gedruckt auf chlorfrei gebleichtem Papier

Printed in Germany · ISBN 3-405-15108-2

Bildnachweis:

Tougaard: 97 o, 99 o

Alle anderen Fotos sowie die Fotos auf dem Umschlag stammen vom Autor

Fotos auf dem Umschlag:
Strandkrabbe (Vorderseite);
Eiderenten (Rückseite)

Zeichnungen: Hellmut Hoffmann

Einführung

Nordsee und Ostsee sind mit ihren Badeorten und Inseln alljährlich das Ziel Hunderttausender von Urlaubern, die hier nicht nur Erholung, sondern in zunehmendem Maße auch die Begegnung mit der Natur suchen. Dazu bieten beide Küsten vielfältige Gelegenheiten – sei es die besondere Salzflora, die Funde von Meerespflanzen und Meerestieren im Flutsaum des Strandes oder bei einer Wattenwanderung, die Entdekkungen in den Netzen von Küstenfischern oder die Beobachtung zahlreicher See- und Strandvögel, für die überall Schutzgebiete eingerichtet sind. Nordsee und Ostsee sind aber zwei ganz verschiedene Meere. Erstere ist ein Gezeitenmeer mit ständigem Wechsel von Ebbe und Flut und unübersehbaren Wattenflächen; letztere nahezu ein Binnenmeer, dessen Wasserstand infolge der Abriegelung in Höhe der schmalen Sunde und Belte zwischen den dänischen Inseln kaum noch Gezeitenwirkung erkennen läßt. Die Pflanzen- und Tierwelt der Nord- und Ostsee ist trotzdem teilweise identisch, doch nehmen Artenvielfalt sowie Anzahl und Größe fast aller Tiere in der Ostsee mit dem Salzgehalt ab. Viele Arten kommen nur noch im westlichen Teil, also an der schleswig-holsteinischen Ostseeküste vor. Der größere Reichtum der maritimen Flora und Fauna an der Nordseeküste wird aber teilweise auch durch eine bessere Beobachtungsmöglichkeit vermittelt. Die vorwiegend südwestlichen und oft sehr heftigen Winde bilden fast täglich interessante Flutsäume mit Algen und Meeresgetier. Und bei Ebbe laden weite Watten mit Prielen zur Entdekkung der auf und im Boden verborgenen Lebewesen ein. Die Ostsee hingegen hält ihre Fauna und Flora immer mit Wasser bedeckt; aber bei anhaltenden sommerlichen Ostwinden bilden sich auch hier immer wieder neue Flutsäume mit angespülten Exemplaren aus der küstennahen Tier- und Pflanzenwelt.

Nordsee und Wattenmeer

Die Nordsee, begrenzt von den Ländern Großbritannien, Niederlande, Bundesrepublik Deutschland, Dänemark und Norwegen, ist ein Randmeer des Atlantischen Ozeanes, eigentlich der Küstenschelf der genannten Staaten. Im südlichen Teil liegt die Tiefe seewärts des Wattenmeeres bei nur 20–30 m und fällt erst nördlich der Doggerbank bis 200 m ab. Bis vor etwa 20000 Jahren, als ein großer Teil der irdischen Wassermassen noch in den mächtigen Gletschern der Eiszeit gebunden war und der Meeresspiegel weltweit etwa 80 m tiefer lag als heute, war das Nordseebecken noch über die Doggerbank hin trocken. Als dann am Ende der letzten Vereisung durch zunehmende Erwärmung die Gletscher schmolzen und das freigewordene Wasser den Anstieg des Meeresspiegels verursachte, wurde das Nordseebecken im Laufe der folgenden Jahrtausende allmählich überflutet. Etwa um 1000 v. Chr. erreichte die Nordsee einen vorläufigen Höchststand, knapp der heutigen Höhe entsprechend, und bildete in der Folgezeit an der Küste durch Ablagerungen von Schlick und sonstigen Sedimenten umfangreiche Marschen und Moore. Diese aber wurden im Verlaufe des Mittelalters, besonders in der Zeit vom 13. bis 17. Jahrhundert, durch das erneute Vordringen der Nordsee, begleitet von hohen Sturmfluten, teilweise wieder zerstört. Dabei bildete sich weitgehendst das heutige Wattenmeer mit Inseln und Halligen an der deutschen Nordseeküste aus.

Doch ist die Entstehungsgeschichte dieser Inselwelt sehr verschieden: Die nordfriesischen Inseln Sylt, Föhr und Amrum bestehen in ihren Kernen aus hohen, eiszeitlichen Ablagerungen, die seit der Überflutung des Nordseebeckens immer aus dem Meere aufragten. An diese Geestkerne von Sylt und Amrum lagerten sich umfangreiche Seesandmassen ab, die zur Bildung von Nehrungen und Dünen führten, während sich im Schutz der Föhrer Geest fruchtbare Marsch absetzte. Die Halligen wuchsen durch fortlaufende Schlickablagerungen mit dem ansteigenden Meeresspiegel über die frühere Marsch, wurden aber in der Folgezeit an den Ufern rundum durch die Brandung abgebaut, so daß sie heute nur noch etwa die Hälfte oder ein Viertel ihrer ursprünglichen Fläche haben. Reste der vorgeschichtlichen Küstenmarsch sind die Inseln Pellworm und Nordstrand, die aber bis zu 1 m unter dem Niveau des Mittleren Hochwassers liegen und nur durch hohe Deiche vor dem Untergang bewahrt blieben. Beide bildeten noch bis zum Jahre 1634 eine einzige Insel, bis in einer großen Sturmflut am 11. Oktober überall die Deiche brachen und von den 8800 Einwohnern über 6200 ertranken. Von den rund 260 qkm dieser Insel gingen damals etwa 180 verloren.

Eine Insel ganz anderer Art ist Helgoland. Hier handelt es sich um eine Buntsandstein – Muschelkalk – Kreideschichtung; der Block wurde aus einer Tiefe von 400 m durch das darunterliegende Zechsteinsalz emporgehoben. Die Ausbildung des Steilfelsens und des Felswattsockels begann vor etwa 5000 Jahren, als die steigende Nordsee diesen Block erreichte. Eine ganz eigenständige Entwicklungsgeschichte verzeichnen auch die West- und Ostfriesischen Inseln. Hier gibt es nur bei einigen, nämlich Texel und Terschelling sowie Borkum und Langeoog, einen pleistozänen Untergrund (Geestboden), während alle anderen Düneninseln aus Seesand aufgebaut, aber ständig von Westen nach Osten versetzt wurden, ehe mittels massiver Küstenschutzwerke eine Festlegung erfolgte. So bestehen diese Inseln generell aus einem nördlichen Dünen- und einem südlichen Salzwiesenteil. »Seesand«-Inseln sind auch Mellum vor der Jade, Knechtsand und Scharhörn auf dem Watt zwischen Weser- und Elbemündung und Trischen vor Dithmarschen.

Sehr viel einförmiger ist dagegen die Festlandsküste der Nordsee. Sie wurde im letzten Jahrtausend weithin von Menschen geprägt, nämlich durch Landgewinnung und die Eindeichung des fruchtbaren Marschenlandes zu Poldern und Kögen. So bilden fast ausschließlich hohe Deiche die Grenze zwischen Land und Meer.

Vor den Deichen der Nordseeküste und rund um Inseln und Halligen liegt in einer Breite von 7–10 km das Wattenmeer mit einer Fläche

Priel im Schlickwatt.

von etwa 3400 qkm, – in der heutigen Form entstanden durch die Zerstörung vorheriger Landgebiete, aber auch durch meeresseitige Zuführung von Sand und Schlick. Die Schlickwattzonen sind besonders reich an organischen Substanzen und zeichnen sich durch eine große Individuendichte und Produktion verschiedener Kleintiere aus. Reine Sandwatten sind hingegen oft nur von einigen angepaßten Tierarten besiedelt. Aus der Bodenperspektive erscheint das bei Ebbe trocken liegende Watt eben wie eine Tischplatte, doch eine Übersicht aus der Vogelschau zeigt eine von zahlreichen Rinnen, Prielen und Strömen zergliederte Landschaft. In diesen, durch Sand und Schlick hinschlängelnden Wasserläufen bleibt auch bei Ebbe Wasser zurück. Priele auf hohen Watten sind bis 1 m, die großen Wattenströme, die auf ihrem Lauf zum Meer die Vielzahl dieser Priele an beiden Seiten sammeln, aber bis zu 30 m tief.

Ebbe und Flut

In ständigem Rhythmus wechseln über der Wattenlandschaft Ebbe und Flut. Das Wasser flutet reichlich 6 Stunden auf bis zum höchsten Punkt, dem »Hochwasser«, und ebbt nach kurzem Stillstand wieder zurück bis zum tiefsten Stand, dem »Niedrigwasser«. Ursache dieser weltweiten Wasserbewegung, die sich an den Küsten aller Ozeane und in deren Randmeeren bemerkbar macht, sind vor allem die Anziehungskraft des Mondes und Flieh-

kräfte auf der mondabgewandten Seite der Erde, so daß jeder Punkt der Weltmeere im Laufe von 24 Stunden und 50 Minuten zweimal Flut und zweimal Ebbe erlebt. Die tägliche Verspätung der Gezeiten um rund 50 Minuten ergibt sich aus der Umlaufzeit des Mondes. Die Gezeiten in der Nordsee werden durch die atlantischen Gezeitenwellen bewirkt. Vom Nordatlantik dringt die breite Silberrinnenwelle ein, wandert an der britischen Ostküste südwärts und wird nördlich von Holland durch die Kanalwelle sowie durch Küstenreflexion und Erdrotation nach Osten abgedrängt, um an den West- und Ostfriesischen Inseln entlang, über Helgoland, die Nordfriesischen Inseln und längs der dänischen Westküste wieder zurückzufließen. Der Drehpunkt dieser Gezeitenwelle liegt etwa 300 km nördlich von Sylt.
Ein wesentliches Merkmal der Gezeiten ist der Tidenhub, der Höhenunterschied zwischen Niedrigwasser und Hochwasser, der im Bereich der deutschen Küste vor allem durch den Aufstau der Flutwelle in Buchten beeinflußt wird. Der Tidenhub ist mit 3,60 m am höchsten im Jadebusen, mit 1,60 m am Ellenbogen von Sylt am niedrigsten. Der durchschnittliche Wert liegt bei etwa 2,50 m. Alle 14 Tage, unmittelbar nach Neu- und Vollmond, wirkt sich jedoch eine zusätzliche Anziehungskraft der Sonne aus, so daß dann Springtiden mit 30–50 cm höherem Hochwasser und entsprechend tieferem Niedrigwasser zu verzeichnen sind. Dazwischen liegen die Nipptiden, wenn der zum Monde rechtwinklige Sonnenstand die Anziehungskraft des Erdtrabanten vermindert. Als weitere Naturkraft greift dann der Wind ein, der bei Stürmen und Orkanen aus westlichen Richtungen die Flut 3–5 m über das Mittlere Hochwasser auftreibt, bei Ostwindstürmen hingegen einen Rückstau von einigen Metern unter dem Mittleren Niedrigwasser bewirkt.

Die Ostsee

Die Ostsee war noch bis vor etwa 12000 Jahren ein Binnenmeer, eine eiszeitliche Bodenvertiefung, gefüllt mit dem Wasser der abschmelzenden Gletscher. Einige Zeit bestand noch eine Verbindung über eine Senke in Mittelschweden mit der Nordsee bzw. dem Atlantischen Ozean, aber diese wurde durch die nacheiszeitliche Hebung der skandinavischen Landmasse unterbrochen. So blieb die Ostsee über etwa 6000 Jahre ein Binnengewässer, bis infolge des weltweiten Meeresanstieges aus dem zuströmenden Gletscherwasser um etwa 5000 v. Chr. die Durchbrüche durch die Sunde und Belte zwischen den dänischen Inseln zum Kattegat bzw. zur Nordsee erfolgten.
Während die Nordsee in weiten Bereichen einen Salzgehalt von etwa 3,4%, selbst vor den Flußmündungen trotz der Vermischung mit Süßwasser noch von etwa 3% hat, beträgt der Salzgehalt der westlichen Ostsee, also an der schleswig-holsteinischen Ostküste, nur noch etwa 1,5% und nimmt dann ostwärts rasch ab, im Bottnischen Meerbusen zwischen Schweden und Finnland nur noch etwa 0,3% betragend. Ein solches Wasser, das kein Salzwasser mehr ist, aber auch noch kein Süßwasser (erst unter 0,05% Salzgehalt),

ist ein schwieriger Lebensraum für Meerestiere und erfordert eine entsprechende Anpassung. Durchweg hat die Ostsee aus den Niederschlägen und der Wasserzufuhr durch die Flüsse einen Wasserüberschuß, der über die Sunde und Belte abfließt. Nur gelegentlich, bei großen Sturmfluten, wird das salzige Nordseewasser in die Ostsee gedrängt, bleibt aber, da es schwerer ist, in der Tiefe, wo es noch einigen Tierarten, die einen höheren Salzgehalt verlangen, Lebensmöglichkeiten bietet.

Infolge des geringen Wasserwechsels ist die Ostsee wie ein Binnensee von der Eutrophierung und Verschmutzung bedroht und weist ab einer gewissen Tiefe wegen Mangel an Sauerstoff kein Leben mehr auf. Durchschnittlich ist die Ostsee 55 m tief, an einer Stelle nördlich von Gotland jedoch knapp 460 m. Gezeiten sind infolge der zu schmalen Durchlässe der Sunde und Belte nicht möglich, doch gäbe es auch ohne die dänische Inselbarriere kaum Ebbe und Flut in der Ostsee, weil zwei, sich zwischen Dänemark und Norwegen treffende Gezeitenströme ihre Wirkung praktisch aufheben. So wechselt der Wasserstand in der Ostsee vor allem durch Windeinfluß. Bei Westwindstürmen wird das Wasser von der deutschen Ostseeküste weggetrieben, während es umgekehrt bei Ostwindstürmen zu regelrechten Sturmfluten mit einem Wasseraufstau von bis zu 3,50 m kommen kann.

Die Ostseeküste bietet ein abwechslungsreiches Landschaftsbild. Moränenhöhen und Förden verraten das Wirken der Eiszeit. Auf weite Strekken des Strandes erheben sich mehr oder weniger hohe Kliffe, die oft jahrelang vom Meere in Ruhe gelassen werden, durch Frost und Regen abflachen und sich begrünen, bis dann wieder eine hohe Sturmflut gegen die Kliffküste steht, um sie erneut anzusteilen. Gerölle und Findlinge aus diesem Bodenabbruch bedecken den Strand und das strandnahe Küstengewässer. Zwischen den Steilküsten liegen Ausgleichsküsten mit dünenartigen Strandwällen oder flachen Nehrungen, die Küstenseen einschließen. Diese werden Noore oder Bodden genannt. An der Ostseeküste liegt die größte deutsche Insel, Rügen, rund 926 qkm groß. Sie zeichnet sich an der Ostseite durch hohe, leuchtende Kreidefelsen aus.

Strand- und Dünenpflanzen

Nord- und Ostseeküste weisen eine Vielzahl standortspezifischer Pflanzen auf, die sich den oft extremen Umweltbedingungen anpassen müssen. Dabei wird noch jede Landschaftsform – ob Watt, Salzwiese, Sandstrand oder Düne – von eigenen, oft isolierten Pflanzengesellschaften geprägt, die nur hier vorkommen. Die Flora der Küste muß in der Lage sein, Überflutungen durch Salzwasser und den ständigen Salzspray des Windes zu ertragen. Viele Pflanzen sind deshalb an Stengeln und Blättern besonders dickfleischig, sukkulent, um durch die Speicherung von Süßwasser der Salzkonzentration zu begegnen. Einige Pflanzen aber können Salz vertragen, ja benötigen dieses sogar in gewissen Mengen, um zu existieren.

Ein anderes Problem ist die Standhaftigkeit in den oft heftigen, sturm-

Salzwiese mit Strandflieder und Strandbeifuß.

artigen Winden. Deshalb sind viele der Küstenpflanzen, wie etwa der Strandhafer, sehr biegsam, während sich andere Arten, etwa Milchkraut oder Salz-Schuppenmiere dicht über dem Boden halten. Ausgeprägt sind auch die Schutzvorkehrungen gegen Verdunstung im Seewind oder durch intensive Sonnenbestrahlung, sei es durch Wachs- oder Haarschichten auf den Blättern oder durch das Einrollen von Blättern, um die Verdunstungsfläche zu verkleinern. Ein großer Teil der Küstenflora ist wegen der recht beschränkten Insektenfauna windblütig, bei manchen Arten erfolgt die Befruchtung durch das Flutwasser.

Wie schon erwähnt, haben die verschiedenen Küstenlandschaften ihre spezielle Pflanzenwelt. Am Wattufer sowie auf den angrenzenden Salzwiesen wachsen u.a. Schlickgras, Queller, Strand-Sode, Salzmelde, Salz-Schuppenmiere, Strand-Beifuß, Löffelkraut, Strand-Dreizack, Strand-Wegerich, Strand-Aster und Strandflieder, während andere Arten, z.B. Milchkraut und Strand-Melde, leicht übersandeten Marschboden bevorzugen. Wiederum andere, so z.B. Salzmiere, Strandweizen, Salzkraut, Meersenf, Strand-Platterbse oder Strandroggen, können nur auf sandigen Strandzonen gedeihen, ebenso die seltene Stranddistel. Sehr spezialisiert ist auch die Pflanzenwelt der Dünen, wo der Strandhafer dominiert, aber auch Silbergras, Sandglöckchen, Dünen-Veilchen, Dünenrose, Besenheide, Krähenbeere und Kriechweide Daseinsmöglichkeiten finden.

Flutsaumfunde

Die Strände der Nord- und Ostsee bieten dem Strandwanderer ein täglich wechselndes Bild von Meerespflanzen und Meerestieren aus dem unmittelbaren Watten- und Küstenbereich, manchmal aber auch durch Wind und Strömungen von weither herangetrieben. Sie werden angespült durch die Flut, die mit dem Flutsaum ihren höchsten Stand markiert (Nordsee), oder durch die Brandung des gegenlandigen Windes (Ostsee). Der Flutsaum liegt wie ein dunkles, oft dichtes »Band« am Strande, überwiegend aus den dunkelgrünen Bündeln des Seegrases und den schwarz vertrockneten Büscheln der Braunalgen gebildet, im Sommer aber auch aus Massen glitschiger Blätter des Meersalates und anderer Grünalgen bestehend. Unter den Meerespflanzen liegen tote oder lebende Seetiere oder Reste und Produkte von diesen. So findet man zum Beispiel am Nordseestrand das ganze Jahr hindurch die faustgroßen Eiballen der Wellhornschnecke, die braunschwarzen Eikapseln der Nagelrochen und die bis 30 cm langen, kalkartigen Schulpe von Tintenfischen. Vor allem aber sind es die leeren Schalen der rund 80 an der Nordseeküste vorkommenden Muschelarten sowie jener der Ostsee, die ständig den Flutsaum verzieren, frisch angespült in oft bunten Farben schillernd, bis sie dann in der Sonne verbleichen. Ebenso regelmäßige Flutsaumfunde sind die Gehäuse von Meeresschnecken, von denen das der Wellhornschnecke wegen seiner Größe vielleicht am ehesten beachtet wird. Ungleich häufiger aber finden sich Gehäuse der Strandschnecken, insbesondere aber der Wattschnecken, die in Strand- und Wattenbuchten zu Milliarden in Form von Wällen aufgespült liegen, jedoch nur einige Millimeter klein sind. Nach Sturmfluten sind auch die grobgekitteten Röhrenschläuche der Bäumchenröhrenwürmer nicht selten, und bei genauem Hinsehen kann man wohl auch gelegentlich die zierlichen Köcher des Goldköcherwurmes finden. Einige Tiere erscheinen wie Pflanzen, so die angetriebenen Büschel von See- und Korallenmoos, beides Hydroidpolypen, oder Seenelken und andere Actinien, die ebenfalls zu den Nesseltieren gehören. Immer auch liegen tote Strandkrabben und andere Krebstiere, nach Sturmfluten auch Strandigel und Seesterne am Strande, wo sie bald von Möwen gefunden und aufgefressen werden. Charakteristisch für die Flutsäume der Nord- und Ostsee sind auch verschiedene Quallenarten, die im Sommer und Frühherbst erscheinen und mit ihren Massen gelegentlich das Badeleben stören.

Treibgüter sind fast immer von Meerespflanzen bewachsen oder von irgendwelchen Tieren besiedelt, sei es mit Seepocken, den verschnörkelten Gehäusen der Dreikantwürmer oder den zierlichen Spiralen der Posthörnchenwürmer. Treibgut von der hohen See ist nicht selten von den blauen Schalen der Entenmuscheln behangen, Rankenfüßer, die zu den Krebstieren gehören und gestrandet, wie andere Seetiere, zum Sterben verurteilt sind. Mit einigem Glück kann man an der Nord- und Ostsee auch noch Bernsteinstücke finden.

Leider ist der Flutsaum auch in mehr oder weniger großem Umfange von Unrat, Holz, Flaschen, Plastikbehältern geprägt. – Und immer wieder sind durch Unfälle oder Nachlässigkeit »Ölpesten« zu verzeichnen, die nicht nur die Füße des Strandwan-

Sandwatt mit Wellen- und Strömungsrippeln.

derers verschmutzen, sondern den Tod tausender von See- und Strandvögeln herbeiführen, deren Kadaver eine regelmäßige Erscheinung in den Flutsäumen sind.

Wattenwanderung

Während die Ostsee ihre Tierwelt nur im Angespül des Strandes oder in den Inhalten von Fischernetzen preisgibt, den Tauchern oder Aquarienbesuchern offenbart, präsentiert die Nordsee einen Teil ihrer Fauna und Flora bei Ebbe im Wattenmeer, wo man mit bloßem Auge und mit Hilfe eines Spatens sehr viel entdekken kann.
Das Tierleben beginnt schon oberhalb der Hochwasserlinie, unter Tangbüscheln und sonstigem Treibgut, wo sich Sandflöhe versteckt halten. Je nach den Bodenverhältnissen weist die Uferzone eine unterschiedlich große Besiedlung mit Tieren auf. Im Sandschlickwatt siedeln dicht an dicht auf der Oberfläche die winzigen Wattschnecken, und etwa fingertief im Boden die Schlickkrebse, deren Tätigkeit bei großer Masse als feines Knistern hörbar wird. Auf festem Sandwatt leben bevorzugt Strandschnecken, insbesondere dort, wo Buhnen und andere Küstenschutzwerke einen sicheren Halt bieten. Solche Festkörper sind in der Regel auch bis hinauf zur Hochwasserlinie von Seepocken besiedelt.
Eines der auffälligsten Merkmale auf dem Wattboden sind die kringeligen Kothäufchen des Wattwurmes sowie

die dazwischenliegenden Vertiefungen. Mit dem Spaten kann man sowohl das Röhrensystem wie auch den Wurm an das Tageslicht befördern und stößt dabei auch auf Seeringelwürmer und die langen, dünnen Blutfadenwürmer. Überall ist der Wattboden mit leeren Muschelschalen bedeckt, die uns Hinweise auf die im Boden verborgenen Kolonien verschiedenster Arten, vor allem Herzmuscheln, geben. Oft verrät ein Loch im Boden oder eine kleine, plötzlich herausspringende Wasserfontäne die Anwesenheit der Sandklaffmuschel, die bis zu 30 cm tief im Sande steckt. Zwei Muschelarten nur leben auf der Oberfläche: Die Auster, die aber nur noch in Restbeständen und selten über der Niedrigwasserlinie zu finden ist, sowie die Miesmuschel, die an Prielrändern und anderen geeigneten Stellen umfangreiche Bänke bildet. Die miteinander verklumpten Muscheln wiederum bieten Käfer- und Pantoffelschnecken, Seepocken und Braunalgen Halt, und hier verstecken sich bei Ebbe Strandkrabben und Seesterne.
Besondere Lebensräume sind Priele, in die sich bei Ebbe mancherlei Getier zurückgezogen hat, um auf die nächste Flut zu warten. Hebt man ein Tangbüschel hoch, eilt nicht selten eine Strandkrabbe, abwehrend ihre Scheren auseinanderschlagend, darunter hervor. Leere Schneckengehäuse sind oft von Einsiedlerkrebsen bewohnt und überall flitzen Garnelen hin und her oder graben sich blitschnell ein. Auf Festkörpern haben sich Seenelken und Seerosen festgesetzt und lassen ihre Tentakel im Wasser schwanken.
Aber auch manche Fische bleiben bei Ebbe in den Prielen und Wattenströmen zurück, beispielsweise Plattfische, wie Scholle, Butt und Flunder, die an den Prielkanten eingebuddelt im Sande ruhen. In Tangbüscheln halten sich Seeskorpione, Steinpikker, Sandgrundeln, Aalmuttern und Aale verborgen, um sich mit der nächsten Flut nahrungssuchend über das Watt zu verteilen. Zahlreiche andere Fische schwimmen aus der tieferen Nordsee mit der Flut hinauf in das Wattenmeer, jahreszeitlich verschieden Hornfische, Meeräschen, Makrelen, Dorsche, gelegentlich Katzen- und Hundshaie und andere Arten, die teilweise auch in der Ostsee vorkommen. Die Vielfalt der Fischarten im Küstenbereich lernt man am besten durch die Mitfahrt mit einem Krabbenfischer kennen, in dessen engmaschigen, für den Garnelenfang eingerichteten Netzen, nahezu alle Tiere eingefangen werden.

See- und Strandvögel

Zu den augenfälligsten Naturerscheinungen an den deutschen Küsten gehören die See- und Strandvögel, die ständig Luft und Landschaft beleben. Ob am Strande, im Hafen oder im Kielwasser von Fährschiffen – überall fliegen Möwen umher, wobei es sich an der Ostsee vorwiegend um Lach- und Sturmmöwen, an der Nordsee um die Silbermöwe handelt. Doch kommen alle Arten an beiden Küsten vor. Möwen verhalten sich gegenüber dem Menschen sehr vertraut, ja suchen oft seine Nähe, um sich füttern zu lassen oder Fisch- und sonstige Nahrungsreste zu vertilgen. Sie sind »Jahresvögel«, die ganzjährig Küsten und Watten bevölkern. Dagegen sind die verwandten

Seeschwalben nur »Sommervögel«, die aus ihren südafrikanischen Winterquartieren erst im April zurückkehren und bereits im Juli/August, unmittelbar nach vollendeter Brut wieder wegziehen. Seeschwalben, von denen 5 Arten an deutschen Küsten brüten, beobachtet man nicht selten in Strandnähe, wenn sie stoßtauchend Fische erbeuten.

Mit etwa 10 Arten ist die umfangreiche Gruppe der Limikolen vertreten. In den Marschen und Kögen längs der Nordseeküste ist der Kiebitz ein sehr häufiger Brutvogel und zeigt hier von März bis Mai seine Balzkapriolen. Typisch für diese Landschaft ist auch der Rotschenkel, dessen melodisches Geläute die Frühlingsluft erfüllt. Besonders häufig aber ist der Austernfischer, der als Brutvogel fast alle Landschaften, ob Salzwiesen, Marschenköge, Sandstrände oder Dünen besiedelt, und nicht nur durch seine Vielzahl, sondern auch durch seine Ruffreudigkeit auffällt und ganzjährig an der Küste anzutreffen ist. Viel unscheinbarer sind dagegen die kleinen Verwandten, Sandregenpfeifer und Seeregenpfeifer. Sie sind vorzüglich getarnt in ihrem Brutgebiet, dem Sandstrand mit Steingeröllen oder Muschelschalen, und lassen sich oft nur anhand ihrer Rufe identifizieren. Der hochbeinige, schwarzweiße Säbelschnäbler wiederum beansprucht Flachgewässer für seine Nahrungssuche und kommt deshalb nur an wenigen Plätzen der Nord- und Ostseeküste vor. Alle Arten sind Bodenbrüter, deren Gelege ganz offen am Boden liegen, die aber mit ihrer grünen, gelben und braunen Grundfarbe und den zahlreichen dunklen Flecken optisch in ihrer Umgebung gut getarnt sind. Die Jungen sind »Nestflüchter«, die wenige Stunden nach dem Schlüpfen den Nestort unter Führung der Elternvögel verlassen.

Von den Meeresgänsen und -enten sind nur wenige Arten als Brutvögel an der Nord- und Ostseeküste vertreten: Die farbenprächtige Brandgans, die im Wattenmeer sehr häufig ist und für ihr Gelege den Schutz einer Wildkaninchenhöhle nutzt, sowie die Eiderente, eine nordische Meeresente, die an der südlichen Nordseeküste ihre südlichste Verbreitungsgrenze hat. Hauptbrutplatz dieser Art ist gegenwärtig die nordfriesische Insel Amrum, wo man in Dünenhalm oder in der Heide die daunengepolsterten Nester mit den großen, grünen Eiern findet. Nichtbrütende Eiderenten sind auch an der Ostseeküste zahlreich.

Viele Seevögel sind Felsbrüter. Eine entsprechende Landschaft bietet im Bereich deutscher Küsten aber nur Helgoland, so daß die lärmenden Scharen der Dreizehenmöwen und Trottellummen nur hier vorkommen. Ebenso werden am Buntsandsteinfelsen dieser Insel auch immer wieder einzelne Brutpaare von Eissturmvögeln und Tordalken registriert.

Neben den Brutvögeln treten im Frühjahr und Herbst Massen von Zugvögeln in Erscheinung, teils auf dem flüchtigen Durchzug nach Norden bzw. Süden, teils als Gäste, die länger verweilen. Vorwiegend sind es nordische Limikolen-Arten, die am Strand und im Watt verstreut nach Nahrung suchen und sich bei Flutzeit am Ufer in wolkenähnlichen Scharen versammeln. In beachtlicher Anzahl treten auch einige Wildgänse auf, vor allem die Ringelgans, die auf den Salzwiesen weidet.

Vögel am Watt: Austernfischer, Pfuhlschnepfen, Brandgänse.

Naturschutz

Die Nutzung der Natur durch Fischfang, Vogeljagd und Eiersammeln spielte für die Küstenbevölkerung jahrhundertelang eine große Rolle. Seit Anfang des 19. Jahrhunderts, nach Gründung der Badeorte an der Küste, kam der Fremdenverkehr als weitere Gefährdung dazu, insbesondere als es für Kurgäste als Sportvergnügen galt, Seevögel in ihrem Brutrevier abzuschießen und Seehundjagd zu betreiben.
Diese Zustände riefen schon um die Jahrhundertwende Männer auf den Plan, in einer Zeit, als der Naturschutz in der staatlichen Gesetzgebung noch fast unbekannt war. Naturschutzvereine wurden gegründet und Schutzgebiete eingerichtet, die während der Brutzeit von Vogelwärtern bewacht wurden. Zu diesen ersten Schutzgebieten sind dann später – durch private und staatliche Initiative – weitere hinzugekommen. Und 1985/86 wurde nahezu das gesamte Wattenmeer an der Nordseeküste zum Nationalpark mit dem strengsten Status des Naturschutzes erklärt, ebenso Inseln, Warder und Bodden an der Ostsee kurz vor der Wiedervereinigung 1990.
Infolge gewachsenen Umweltbewußtseins und dem Ausbau von Klärwerken, insbesondere aber durch den Zusammenbruch der umweltverschmutzenden Industrie der früheren DDR sind alle zur Ost- und Nordsee strömenden Flüsse wesentlich sauberer geworden, so daß sich der Zustand beider Meere in Teilbereichen deutlich verbessert hat.
Etliche Schadstoffe aus Industrie, Verkehr und Landwirtschaft werden aber immer noch in bedenklichen Mengen in die Küstenmeere eingetragen und beeinflussen dort mehr oder weniger die natürlichen Kreisläufe – in der Ostsee stärker als in der Nordsee, deren Wasser durch die Gezeiten aus dem Atlantik ausgetauscht wird. Ein besonderes Problem ist unverändert die Gefahr der »Ölpest«. Serien internationaler Konferenzen haben bisher keine Abhilfe gebracht. Und ebenso droht bestimmten Fischarten immer wieder der Raubbau durch Überfischung, die sich dann auch auf Seevögel und Seehunde hinsichtlich der Ernährung auswirkt. Regionale und überregionale Naturschutzvereine machen auf solche Gefahren aufmerksam.
Bei den in diesem Buch beschriebenen Arten wurde jeweils erwähnt, wenn sie in die Rote Liste der Bundesrepublik Deutschland (Wirbeltiere: Ausgabe 1994) aufgenommen sind. Die Kategorien »potentiell gefährdet«, »gefährdet«, »stark gefährdet«, »vom Aussterben bedroht«, »ausgestorben oder verschollen« spiegeln einen steigenden Grad der Gefährdung wider.

Englisches Schlickgras

Spartina townsendii

Blütenstand

Nicht der untenstehende Queller, sondern das Schlickgras wagt sich von den »Landpflanzen« am weitesten hinaus auf das Watt, wo es, sowohl auf den Sand- wie auch auf dem Schlickwatt wachsend, zweimal täglich überflutet wird. Es gedeiht noch bis 1 m unter der Hochwasserlinie. Kennzeichnend sind die langen, spitzen, fast schilfähnlichen Blätter und die rötlichen, bis 70 cm hohen Stengel mit den Ähren (vgl. Grafik), an denen in der spätsommerlichen Blütezeit unzählige Fruchtkörper hängen, die von Wind und Wasser vertrieben werden. Das Schlickgras breitet sich ferner durch unterirdische Wurzelausläufer aus. Wasser- und Salzhaushalt der Pflanze regeln Salzdrüsen, die das überflüssige Salz ausscheiden. Ursprungsheimat dieser Art ist die englische Kanalküste. Ende der 20er Jahre wurde sie an der deutschen Nordseeküste zur Förderung der Landgewinnung angesät. Doch haben sich die Erwartungen nicht erfüllt. Das Schlickgras wächst nur auf dem Vorland in der Andelrasenzone breit und dicht und trägt zum Einfangen von Schlickmassen bei, bildet aber auf dem Watt große, runde Horste, um die der Gezeitenstrom herumkreist und Auskolkungen verursacht.

Gewöhnlicher Queller

Salicornia europaea

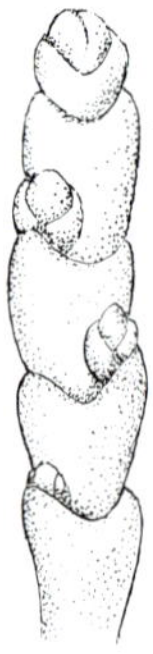

Einzeltrieb

Die bis 30 cm, vorwiegend aber nur bis 20 cm hohen Büsche des Quellers erinnern mit ihren fleischigen grünen Stengeln und Ästen an kleine Kakteen. Diese Ähnlichkeit ist darauf zurückzuführen, daß beide – wenn auch aus verschiedenen Gründen – in ihrem Gewebe viel Wasser speichern. Die Blätter des Quellers treten als solche nur bedingt in Erscheinung, da sie zu Schuppen zurückgebildet und fest mit den Ästen verwachsen sind (vgl. Grafik). Die Blütezeit fällt in den Hochsommer bis zum Frühherbst, doch sind die Blüten nur bei genauem Hinsehen erkennbar und spielen für eine Befruchtung mittels Insekten keine Rolle. Vielmehr erfolgt die Befruchtung durch Vertreibung der Pollenkörner bei Flut. Die Samen werden erst frei, wenn die einjährige Pflanze, die sich im Herbst rot verfärbt, im Winter vertrocknet und verwest. Der Queller galt und gilt immer noch als Pionierpflanze der Landgewinnung, wenn er auch mancherorts durch das Englische Schlickgras sehr zurückgedrängt worden ist. Mit Stengeln und Ästen fängt der Queller, der sowohl zerstreut als Einzelpflanze, wie auch in dichten Beständen die Uferzone des Wattenmeeres bis hinauf zum Andelrasen bewächst, die mit der Flut herangetragenen Sedimente.

Strand-Sode

Suaeda maritima

(Foto oben links)

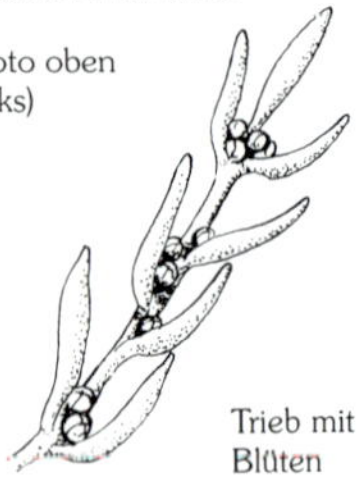

Trieb mit Blüten

Diese Pflanze ist ein Bewohner des sandig-schlickigen Wattufers. Die Strand-Sode, zur Familie der Gänsefußgewächse gehörend, wächst teilweise noch unterhalb der täglichen Hochwasserlinie in Gesellschaft mit dem Queller, mit dem sie eine gewisse Ähnlichkeit hat und wie dieser als ausgesprochener Halophyt ausgewiesen wird. Die Stengel der Strand-Sode, 10–30 cm lang, liegen mit ihren dickfleischigen Blättern vorwiegend am Boden, stehen aber gelegentlich auch aufrecht. Die bläulich-grüne Pflanze ist oft auffällig rot überlaufen. Die unscheinbaren grünen Blüten stehen in den Blattachseln (vgl. Grafik).

Strand-Melde

Atriplex littoralis

(Foto oben rechts)

Diese Art liebt die Angespülkante geschützter Wattufer und Strände, wo ihr Wuchs durch den Humus angespülter und verrottender Seegräser und Algen begünstigt wird. Hier bildet die Strand-Melde mit ihren grünen, fleischigen Stengeln und ausladenden lineal-lanzettlichen Blättern oft umfangreiche, halbmeterhohe Bestände, die alle anderen Pflanzen überdecken und verdrängen. Daneben kommen auch umfangreiche Büsche von Einzelpflanzen vor. In der Blütezeit von Juli bis September zeigt die Strand-Melde Ähren mit dichten Knäueln grünroter Blüten.

Salz-Schuppenmiere

Spergulario salina

(Foto unten links)

Die Stengel dieser Pflanze mit ihren linealischen, fleischigen Blättern werden bis zu 20 cm lang, kommen aber in aufrechter Form (vgl. Grafik) kaum vor. Vielmehr kriechen sie zwischen dem Andelrasen und den anderen, durchweg niedrigen Pflanzen der Salzwiese fast unscheinbar umher und würden wohl kaum beachtet, wenn die Schuppenmiere nicht ihre weißen, violettrandigen Blüten mit den leuchtend gelben Staubgefäßen zeigen würde, die über einen langen Zeitraum, von Mai bis Oktober zu sehen sind. Ähnlich ist die ebenfalls an der Nord- und Ostseeküste verbreitete **Flügel-Schuppenmiere** *(S. media)*.

Strand-Milchkraut

Glaux maritima

(Foto unten rechts)

Fast teppichartig bedeckt diese am Boden kriechende, salzliebende Pflanze sandige und schlickige Salzwiesen. Die sich aus einer dicken Wurzel verzweigenden, fleischigen, gelben Stengel tragen dicht nebeneinandersitzende Reihen elliptisch-spatelförmige Blätter. Die Blüten sind eher unscheinbar und lassen erst bei näherer Betrachtung die Schönheit und Farben der weiß-roten Blütenblätter erkennen. Sie sitzen ohne Stiel in den Blattachseln.

Strandflieder
Statice limonium

Fast alle Pflanzen an der Küste sind unauffällig, kriechen dicht über den Boden hin und zeigen bescheidene Blüten. Sie müssen sich dem rauhen Klima, insbesondere den häufigen und heftigen Winden anpassen und brauchen meist keine farbenfrohen, auffälligen Blüten, da es nur wenige Insekten anzulocken gibt, und der Wind für die Bestäubung sorgt. Zu den spärlichen Pflanzen, die eine Ausnahme machen, gehört der Strandflieder, auf den Halligen auch »Bondestave« genannt. Aus den großen, grundständigen Blättern, die sich, abgestorben, sehr lebhaft gelb oder rot verfärben, steigt ein etwa 25 cm hoher, zäher Stengel auf, der eine breite Blütenkrone trägt. Im Juli und bis in den August hinein bedeckt der Strandflieder mit diesen rosaviolett und blau schimmernden Blütenkronen weithin die Salzwiesen, insbesondere auf den Halligen. Dort wird der grüne Andelrasen über halbe, ja ganze Quadratkilometer vom »Blütenmeer« der Bodenstave beherrscht (vgl. Foto auf S. 10). Auf den Salzwiesen an den Küsten und auf den Bäderinseln ist der Strandflieder durch rigoroses Abpflücken derart dezimiert worden, daß er unter Naturschutz gestellt werden mußte, um seinen Fortbestand zu sichern. Die verhängnisvolle Beliebtheit als Blumenvasenpflanze verdankt er dem Umstand, daß er im trockenen Zustand sehr lange erhalten bleibt. Andererseits verträgt und benötigt der Strandflieder auch eine gewisse Beweidung und Mahd seines Lebensraumes, weil er sonst von hochwachsenden Gräsern verdrängt wird.

Strand-Aster
Aster tripolium

Fruchtstände

Wie der Strandflieder, so gehört auch die Strand-Aster zu den wenigen hoch aufwachsenden »Blumen« der Salzwiese. Die Art wird sogar bis zu 70 cm hoch und überragt damit alle anderen Pflanzen dieser Lebensgemeinschaft. Die Strand-Aster tritt aber nur selten in größeren Beständen, sondern meistens in lockerer Form, vielfach auch als Einzelpflanze auf, wobei sie die Grabenkanten der Salzwiesen und die Prielränder des Halliglandes bevorzugt und hier manchmal geschlossene Reihen bildet. Die Strand-Aster blüht von Juli bis September; sie besitzt violette Zungenblüten und gelbe Röhrenblüten. Als ausgewachsene, hochaufgeschossene Pflanze ist sie dann im Spätsommer von den watteartigen Flugvorrichtungen ihrer Samen oft ganz eingehüllt (vgl. Grafik).

Strand-Dreizack
Triglochin maritimus

(Foto oben links)

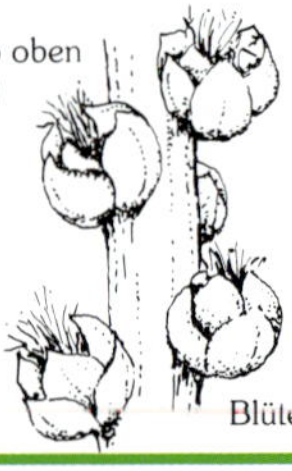

Zusammen mit anderen Pflanzen bildet der Strand-Dreizack die Gesellschaft der Salzpflanzen zwischen Wattufer und den angrenzenden Salzwiesen. Trotz ihrer Größe fällt diese Art mit ihren langen, schmalen Blättern in der Umgebung der anderen Salzpflanzen kaum auf. Sehr auffällig aber wird der Strand-Dreizack, wenn er für sich alleine am Ufer steht und sich zu großen, runden Horsten entfalten kann. Aus den langen Blütenähren (vgl. Foto und Grafik) bilden sich im Spätsommer gelbbraune Fruchtstände, die bei der Reife in 6 Teilfrüchte zerfallen.

Strand-Salzmelde
Halimione portulacoides

(Foto oben rechts)

Auf Salzwiesen und am Wattufer bildet diese Pflanze oft große, flächendeckende Horste. Gerne besiedelt sie auch einzeln und büschelartig die Ränder von Gräben, soweit sie mit dem Salzwasser Verbindung haben, und fällt dann vor dem Hintergrund des blauschwarzen Schlicks mit ihren elliptischen, silbergrauen Blättern besonders auf. Salzmelden sind ausdauernde Pflanzen mit oft holzigen Stengeln.

Strand-Beifuß
Artemisia maritima

(Foto unten links)

Diese Art ist eine der auffälligsten und bekanntesten Pflanzen der Salzflora. In teils dichten und bis zu 50 cm hohen Beständen beherrscht der Strand-Beifuß oft weithin das Ufer über dem Watt und die Ränder der sich bei Flut mit Salzwasser füllenden Gräben. Insbesondere liebt er Plätze, die durch Sand, Muschelschill und nährstoffreiche Sedimente erhöht sind, da er viel Stickstoff benötigt. Stengel, Äste und Blätter wirken wie silbergraues Filigranwerk, und besonders bemerkbar macht sich der wermutartige Geruch. Unscheinbar sind dagegen die kleinen gelblichgrünen Blüten, die zu kleinen Köpfchen vereinigt sind, welche von filzigen Hüllblättern geschützt werden (vgl. Grafik).

Dänisches Löffelkraut
Cochlearia danica

(Foto unten rechts)

Das Dänische Löffelkraut gehört zu den ersten Pflanzen, die bereits im Mai, wenn alle anderen Blumen des rauhen Küstenklimas noch auf sich warten lassen, Wattufer und Salzwiesen in oft großen Beständen mit ihren unzähligen weißen Kreuzblüten schmücken. Eigenartigerweise ist diese Art gelegentlich auch an höheren Stellen zu finden, beispielsweise an den Felsrändern des Helgoländer Oberlandes, wo offenbar der salzige Wind die fehlende Überflutung weitgehend ausgleicht. Ein sehr ähnlicher Vertreter ist das **Englische Löffelkraut** *(Cochlearia anglica)*.

Strand-Tausendgüldenkraut
Centaurium vulgare

(Foto oben links)

Diese zierliche Pflanze kommt auf Salzwiesen der Nordsee und Ostsee vor, doch fällt sie dem Naturwanderer meist nicht auf, weil sie bei kaltem und trüben Wetter sowie morgens und abends ihre kleinen Blütensterne verschließt. Nur bei vollem Sonnenschein sind diese ganz geöffnet. Die vielverzweigten Büschel des Tausendgüldenkrautes werden bis zu 30 cm hoch, bleiben aber meist niedriger und halten sich dicht am Boden. Die fünfsternigen roten Blütenkronen werden von den gelben Staubgefäßen überragt, die Blütezeit dauert von Juli bis September.

Gewöhnliche Grasnelke
Armeria maritima

(Foto oben rechts)

Wie andere Küstenpflanzen kommt auch diese Art an geeigneten Stellen im Binnenlande vor, ist aber nirgends so häufig und geradezu charakteristisch, wie an der Nord- und Ostseeküste, da sie den Salzgehalt sowohl im Boden wie auch in der Luft gut verträgt, ja offenbar benötigt. Grasnelken wachsen auf höherem Marschenboden, aber auch auf sandigen, kalkarmen Geestlagen. Die rosaroten Blütenköpfe stehen auf bis zu 30 cm hohen, dünnen Stengeln und schwanken unablässig im Seewind – erstaunlich, daß sich die Natur in der Landschaft des ewigen Windes eine solche Gestalt leisten kann. Doch sind die Stengel sehr zäh, und auf Helgoland hat sich die Grasnelke durch Verkürzung des Stengels dem Wind angepaßt. Charakteristisch für diese Pflanze ist die grundständige Rosette mit den linealischen, oft am Boden liegenden Blättern (vgl. Grafik), denen sie auch ihren Namen verdankt. Die Grasnelke hat eine überaus lange Blütezeit von Mai bis Oktober. Auf Inseln und Halligen wird diese Pflanze auch »Kranzrose« genannt, weil sich die Kinder daraus Kränze flechten.

Strand-Wegerich
Plantago maritima

(Foto unten)

Diesen Wegerich findet man oberhalb der Hochwasserlinie auf dem Wattufer und auf den ufernahen Salzwiesen. Seine nach allen Seiten ausgebreiteten, langen, saftiggrünen Blätter bilden eine bodenständige, oft umfangreiche Rosette. Auf langen, bis zu 30 cm hohen Stielen stehen die walzenförmigen braunen Ähren mit den leuchtendgelben Staubbeuteln. Wie bei vielen Pflanzen an der insektenarmen, aber windreichen Meeresküste erfolgt die Bestäubung durch den Wind. Die Blütezeit ist von Juni bis September. Auf den Halligen, aber auch an den Küsten mit Vorland (Salzwiesen) wird der Strandwegerich »Suden« genannt und als Gemüse gegessen. Die gekochten Blätter erinnern an Spinat.

Salzmiere
Honkenya peploides

Diese Art wächst auf sandigem Strand der Nord- und Ostsee fast bis unmittelbar an den Flutsaum heran, wo kaum noch andere Pflanzen stehen. Hier überzieht die Salzmiere den Boden oft rasenartig mit ihren kaum fingerhohen, dickfleischigen, gelbweißen Stengeln, an denen in Viererreihen ebenso saftige, dicke Blätter sitzen. Im Hochsommer zeigt sie ihre weißen Blüten mit den 5 Blütenblättern und den 10 herausragenden Staubgefäßen. Später bildet sich eine Fruchtkapsel, in der die orangegelben Samen reifen und nach dem Aufplatzen der Kapsel verstreut werden. Wie schon erwähnt, steht die Salzmiere fast schutzlos am Sandstrand und muß nicht nur der Sandverwehung und der häufigen Überflutung mit Salzwasser, sondern auch den austrocknenden Winden und der intensiven Sonnenbestrahlung angepaßt sein. Ihr fleischiger Habitus weist sie deshalb als ausgesprochenen Halophyten aus, versehen mit der Fähigkeit, Süßwasser zu speichern, um der Austrocknung und dem Salz zu widerstehen. Die Salzmiere ist tief im Boden verwurzelt.

Strand-Platterbse
Lathyrus maritimus

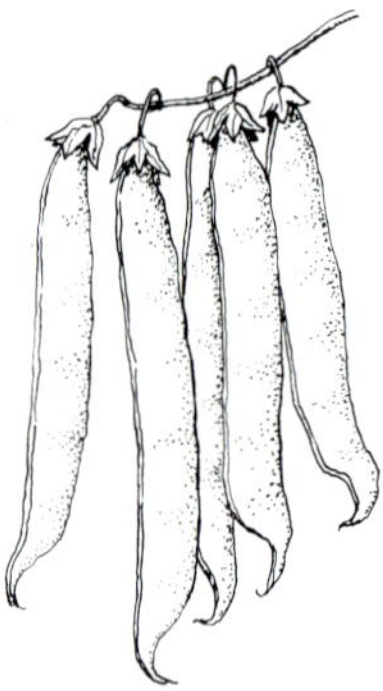

Fruchthülsen

Wie die vorherige, so ist auch diese Art eine Pflanze des Sandstrandes, gehört jedoch nicht zu den Halophyten und siedelt sich wesentlich höher an, dort, wo sie allenfalls von Sturmfluten erreicht werden kann, eine Überflutung also nur einige Male im Laufe des Jahres ertragen muß. Als Gewächs, das sich mit Ranken an andere Pflanzen klammert, sucht sie gerne die Nachbarschaft lockerer Strandroggen- und Strandhaferbestände, wo sie inmitten der eintönigen, grünen Vegetation mit ihren großen, violetten Blüten besonders auffällig wirkt. Doch ist die Strand-Platterbse nicht gerade häufig und fehlt – trotz scheinbar geeignetem Gelände – vielerorts an der Küste, offenbar, weil sie ganz bestimmte Ansprüche stellt, die nicht überall erfüllt werden. In der Roten Liste ist sie als »gefährdet« verzeichnet. Die Strand-Platterbse rankt sich etwa 30 cm hoch und breitet sich vom Haupttrieb mit ihren Seitensprossen in der Umgebung aus. Zur Fruchtreife im Hochsommer trägt sie Bündel langer, erbsenartiger Hülsen (Grafik), die ihr den Namen gaben.

Meersenf

Cakile maritima

(Foto oben links)

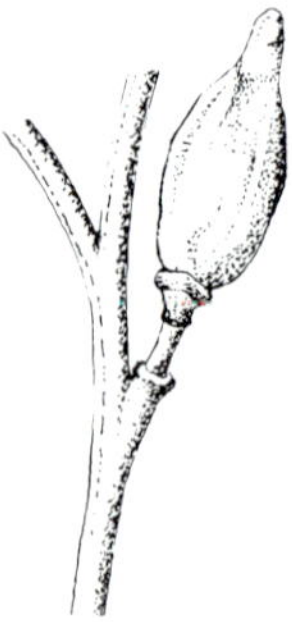

Frucht

Diese und die nachfolgenden Pflanzen gehören in den Bereich des Sandstrandes an der Nord- und Ostsee. Die oft sehr umfangreichen, vielverzweigten Büschel des Meersenfs stehen in der Regel auf dem übersandeten Flutsaum und ganz jungen Dünenbildungen unmittelbar am Meer, wo ausreichend Stickstoff im Boden ist. Dieser Lebensraum ist sehr schmal und kritisch für andere Pflanzen. So steht, unterbrochen von größeren Freiflächen ohne Bewuchs, der Meersenf oft allein und fällt deshalb besonders auf. Von Juli bis in den Oktober hinein sind die saftgrünen Büschel von einer Vielzahl weißer, manchmal auch violetter Blüten geschmückt, die trotz des maritimen Standortes von zahlreichen Insekten aufgesucht werden. Die Frucht (Grafik) dieser einjährigen Pflanze ist eine zweigliederige Schote, das obere, viel längere Glied enthält den Samen und bricht leicht ab; die Verbreitung der Samen erfolgt durch die Flut.

Kali-Salzkraut

Salsola kali

(Foto oben rechts)

Blüten

Die bis zu 60 cm hohen Pflanzen ähneln einem Dornengewächs, weil die linear-pfriemenförmigen Blätter in dornigen Spitzen auslaufen. Das Salzkraut trägt seinen Namen nur bedingt zu recht, denn offenbar ist es nicht auf Salz angewiesen, da es auch an sandigen Flußufern gedeiht. Möglicherweise handelt es sich bei den Pflanzen an der Meeresküste um eine angepaßte Unterart. Die zwittrigen Blüten sitzen zu 1–3 vereint an den Stengeln und sind klein und unscheinbar (Grafik). Sie werden von stachelspitzigen Vorblättern geschützt.

Binsen-Quecke

Agropyron junceum

(Foto unten)

Auf sandigen Strandflächen und Sandbänken gehört diese dünnblättrige Pflanze, die auch Strandweizen genannt wird, zu den ersten Dünenpionieren. Das Foto zeigt deutlich die Fähigkeit der Binsen-Quecke, zunächst als Einzelbüschel aufwehenden Sand einzufangen und die so entstandene Minidüne durch sich ausweitenden Bewuchs rasch zu vergrößern. Trotz ihres Standortes unmittelbar am Meer ist die Binsen-Quecke eine Brackwasserpflanze, die hier nur existieren kann, weil der Regen den Salzgehalt auf den Minidünen herabsetzt.

Strandhafer

Ammophila arenaria

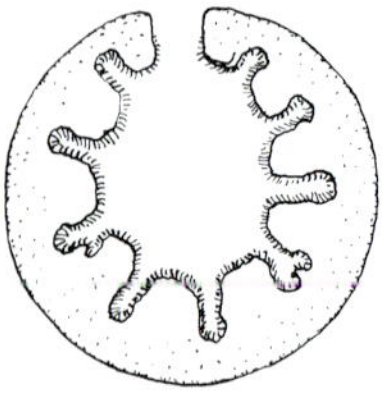

Blattquerschnitt

Der Strandhafer ist die dominierende Pflanze höherer, dem Salzeinfluß schon entzogener Stranddünen, wie auch der Binnendünen, wo diese Art oft als einziges Gewächs Dünenhügel und -täler in geschlossenen Beständen beherrscht. Die langen, spitzen Blätter sind fast immer eingerollt, um die Verdunstung zu reduzieren, die eingerollte Oberseite ist längsgerieft und behaart (Grafik). Doch reichen die Wurzeln tief hinab in den feuchten Boden. Die Ähren stehen auf 40–50 cm hohen Stengeln und fruchten im Hochsommer. Der Strandhafer liebt vor allem Standorte mit ständig neuer Sandzufuhr, deshalb gedeiht er am besten am Fuße von Wanderdünen. Bei der Bepflanzung und Festlegung von Wanderdünen spielt er seit Jahrhunderten eine hervorragende Rolle.

Stranddistel

Eryngium maritimum

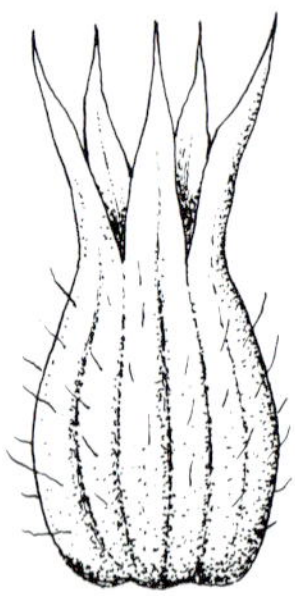

Frucht

Die Bezeichnung »Distel« ist irreführend, denn ungeachtet des distelartigen Habitus gehört diese Pflanze nicht wie unsere allbekannten Disteln zu den Korbblütlern, sondern zu den Doldengewächsen. Charakteristisch sind die harten, wachsartig überzogenen Blätter mit den Stachelspitzen sowie die blau blühenden Blütenköpfe. Die stacheligen Spaltfrüchte (Grafik) fallen im Herbst aus und werden vom Wind und Wasser vertrieben. Stranddisteln bilden recht umfangreiche, bis zu halbmeterhohe Büsche, die einen Durchmesser von etwa 1 m erreichen. Sie wachsen auf sandigen Lagen in der Strandzone, die nicht von normalen Fluten, sondern allenfalls von den höher auflaufenden Sturmfluten erreicht werden. Ebenso sind sie im Bereich der Stranddünen zu finden, wo sie einen gewissen Versandungsgrad vertragen. Wie speziell jedoch die Ansprüche an die sonstigen Bedingungen ihres Lebensraumes sind, merkt man daran, daß es nur in Einzelfällen gelingt, mittels Aussaat diese Pflanze anzusiedeln – eine Maßnahme, die hier und da durchgeführt wurde, weil die Stranddistel an der Nord- und Ostsee, insbesondere in der Nähe von Badeorten, durch das Abschneiden der dekorativen Triebe fast völlig ausgerottet worden ist. Um die Restbestände zu sichern, wurde diese Art deshalb unter Naturschutz gestellt. Sie gilt nach der Roten Liste als »stark gefährdet«. Junge Triebe der Stranddistel sowie deren tief in den Boden hineinführenden Wurzeln werden aber auch gerne von Wildkaninchen gefressen, während die größeren Pflanzen durch die Härte ihrer Blätter und deren Stacheln gegen Verbiß von Tieren geschützt sind.

Seegras
Zostera-Arten

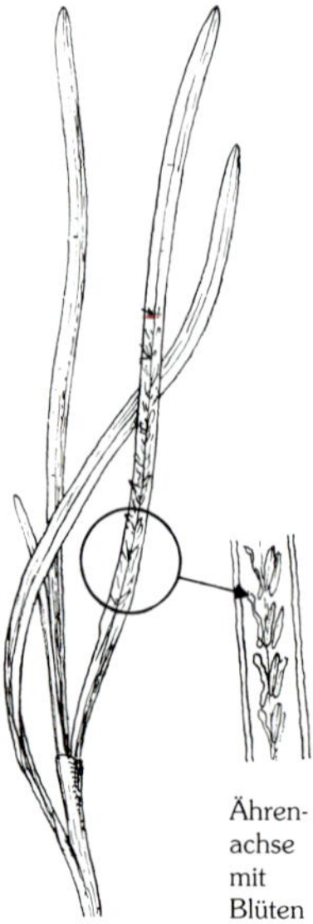

Nach Sturmfluten liegen oft große Bündel von verschiedenen Seegras-Arten auf langen Strecken am Strand der Nord- und Ostsee. Die Pflanzen sind zunächst dunkelgrün, im trockenen Zustand fast schwarz. Vorwiegend handelt es sich um das **Zwergseegras** *(Zostera nana)* und das **Schmalblättrige Seegras** *(Zostera angustifolia)*, in geringerem Umfang auch um das **Echte Seegras** *(Zostera marina)*, dessen Bestände nach einer Erkrankung seit den 30er Jahren stark gelichtet wurden, sich jedoch allmählich wieder erholen. Trotz ihres maritimen Lebensraumes – alle Arten leben im flachen Wasser vor der Küste und auf dem Watt – gehören die Seegräser zu den Blütenpflanzen. Aus einem im Sand und Schlick liegenden Wurzelstock wachsen die meterlangen Blätter, die im Wasser treiben. Die unscheinbaren, hüllenlosen Blüten sind auf einer flachen Ährenachse angeordnet (Grafik); je 1 männliche und 1 weibliche Blüte sind in einer Blütenscheide eingeschlossen. Entgegen vielen Angaben in der Literatur wächst das Echte Seegras, wie auch die anderen Arten, nicht nur unterhalb der Niedrigwasserlinie, sondern auch auf trockenfallenden Watten bis dicht am Ufer, bevorzugt hier aber kleine Senken und Pfützen, in denen auch bei Ebbe Wasser stehen bleibt. Als Äsung für Wildgänse und Lebensraum vieler Kleintiere ist Seegras von großer Bedeutung. Früher wurde es auch von den Küstenbewohnern geerntet und als Matratzenfüllstoff, teilweise auch als Dünger verwendet.

Borstenhaar-Alge
Chaetomorpha linum

Diese dunkelgrüne Alge besteht aus langen Streifen aneinandergereihter, knotenartiger Zellen (Grafik). Sie kommt sowohl in der westlichen Ostsee, wie auch in der Nordsee vor, wo sie, wie ein dickes Seil durch Strömung und Wellen zusammengerollt, am Strande gefunden werden kann. Die meterlangen »Seile« und Haufen dieser Art liegen bei Ebbe verstreut auf dem Wattboden. Die Borstenhaar-Alge kann sich durch ihre flächenartige Verfilzung auf Sand und Schlick festhalten, was anderen Algen nur bedingt gelingt, da sie keine Wurzeln haben, sondern sich mit Haftscheiben an Festkörpern anheften müssen. Mancherorts tritt das Borstenhaar im Sommer in derartigen Massen auf, daß in windgeschützten Wattenbuchten mehrere Hektar Wattboden von einem dichten Algenteppich bedeckt sein können.

Meersalat

Ulva lactuca

Das ganze Jahr hindurch, vorwiegend aber in den Sommermonaten sind die großen, welligen, gefalteten und an den Rändern unregelmäßig eingerissenen lichtgrünen Blätter des Meersalates im Flutsaum der Strände angespült, daß sich weithin knöchelhohe, glitschige »Teppiche« dieser Grünalgen am Badestrand bilden und eine Beseitigung notwendig machen. Meersalat wächst auf Festkörpern, darunter auch kleinen Steinen, Muschelschalen und Panzern von Strandkrabben – überall dort, wo sich ein Halt bietet. Mit zunehmender Größe aber wird diese Meerespflanze durch Strömung und Wellenschlag oft losgerissen, treibt dann im Küstengewässer umher und lebt hier freischwimmend, bis sie strandet. Weiße Ränder an den grünen Blätterlappen weisen darauf hin, daß hier Schwärmerzellen in das Wasser entlassen wurden, wodurch sich der Meersalat vermehrt.

Blasentang

Fuscus vesiculosus

Sägetang

Grünalgen sind die meist zarteren Vertreter der Meerespflanzen, Tange die derberen Gewächse. Zu diesen gehört auch der Blasentang, eine Braunalge, bei denen das Blattgrün durch einen gelbbraunen Farbstoff überdeckt ist. Blasentang wächst oft in dichten Beständen an Buhnen, Brückendalben und Uferschutzwerken der Nordseeküste, noch häufiger aber in der Ostsee, dort wo zahlreiche Findlinge aus den Geestkliffen im Wasser liegen. Blasentang kommt bis etwa 5 m Wassertiefe vor, wächst jedoch auch auf dem Watt, wo Muschelbänke einen Halt für die Haftscheibe bieten. Oft sind solche Muschelbänke ganz zugedeckt, wenn die Triebe des Blasentangs bei Ebbe dem Boden aufliegen. Sie verbergen nicht nur die Muscheln, sondern auch zahlreiche andere Tiere und schützen sie gegen die Trokkenheit. Trockener Blasentang ist schwarz, wird aber gleich wieder frisch gelbbraun, sobald er durch die nächste Flut wieder ins Wasser gelangt. Charakteristisch und namensgebend sind die luftgefüllten Blasen (vgl. Grafik), die dem Tang Auftrieb verleihen. In den blasenförmig verdickten Spitzen der Triebe, die das nebenstehende Foto zeigt, befinden sich männliche und weibliche Fortpflanzungszellen.

Eine verwandte Art ist der **Sägetang** *(Fuscus serratus),* dem jedoch die Blasen fehlen (vgl. Grafik). Er siedelt auf ähnliche Weise wie die vorherige Art, lebt aber in etwas tieferen Lagen, so daß er bei Ebbe nicht zu lange trocken fällt.

Knotentang

Ascophyllum nodosum

(Foto oben links)

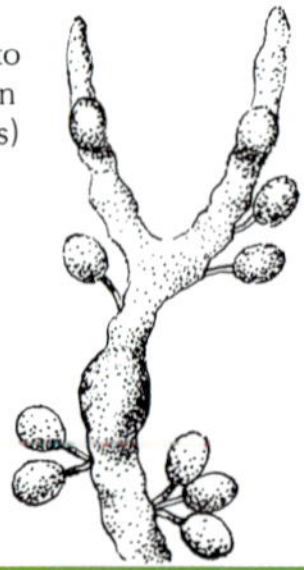

Diese derbe Braunalge mit bis zu 150 cm langen Trieben benötigt durchweg Felsengrund und kommt deshalb an deutschen Küsten nur bei Helgoland vor, ansonsten aber vereinzelt an Seezeichen und anderen Festkörpern in der Nordsee. Doch ist diese Art öfter, losgerissen vom Buntsandsteinfelsen in der Deutschen Bucht oder von britischen Felsenküsten, am Strande zu finden. Kennzeichnend sind die großen, luftgefüllten Schwimmblasen (vgl. Foto), mit deren Hilfe der Knotentang lange Zeit auch freischwimmend leben kann, sowie die seitlich angeordneten, gestielten Organe, in denen die Fortpflanzungszellen gebildet werden (vgl. Grafik).

Flache Darmalge

Enteromorpha compressa

(Foto oben rechts)

Die etwa 1 cm breiten, bis 15 cm langen Blätter sind oft wellig und eingerollt. Ihr Aussehen erinnert hinsichtlich Farbe und Struktur an Meersalat. Die Flache Darmalge gehört zu den häufigsten Algen an deutschen Küsten. Zahlreiche Festwerke sind von ihr mit Einzelbüschen oder in großen, rasenartigen Beständen bewachsen. Darmalgen siedeln auch bis weit über die Niedrigwasserlinie hinauf, sofern sich hier ein fester Untergrund zum Anheften findet. Ebenso ist die Darmalge oft an Treibgut zu sehen.

Rote Phyllophora

Phyllophora rubens

(Foto unten links)

Zuckertang

Diese intensiv gefärbte Rotalge wächst im tieferen Wasser bei Helgoland und an wenigen anderen Stellen in der Nordsee, wo Steine aus den eiszeitlichen Geröllen am Meeresboden vorhanden sind. Ganz vereinzelt kommt sie auch in der westlichen Ostsee vor. Der Naturwanderer wird die Rote Phyllophora aber nur selten am Strande finden. Das Foto zeigt diese Rotalge auf den Stengeln des **Zuckertanges** *(Laminaria saccharina),* der am Felsen von Helgoland sehr häufig ist. Sein bis 25 cm langer Stiel ist mit einem verzweigten Haftorgan am Substrat befestigt und trägt ein breites, bis 3 m langes, im Wasser flutendes Blatt (vgl. Grafik; Blatt stark verkürzt).

Purpurtang

Porphyra umbilicalis

(Foto unten rechts)

Kennzeichnend für diese Rotalge sind die hauchdünnen, fetzenartigen Blätterlappen, die in der oberen Uferzone der Nordsee, auch über der Niedrigwasserlinie auf dem Watt, an Steinen und Buhnen festgeheftet sind. Bei Flut schwanken die Lappen in der Strömung hin und her, bei Ebbe liegen sie rotbraun bis dunkelviolett gefärbt auf dem Boden ausgebreitet, infolge ihrer Dünnhäutigkeit vielfach eingerissen.

Köpfchenpolyp

Tubularia larynx

Wenn diese Hydroidpolypen aus ihren 5–10 cm hohen Stielröhren hervortreten, wirken sie wie ein Büschel von roten Blumen. Doch sind es – wie Actinien und Quallen – trotz ihrer Pflanzenerscheinung Angehörige der Nesseltiere. Die unverzweigten Kolonien der Köpfchenpolypen sitzen auf Festkörpern unter der Niedrigwasserlinie, schwimmen aber auch an Treibgut festgeheftet frei in der Nordsee. Das rote »Köpfchen« besitzt 2 Tentakelkränze, einen unmittelbar um die Mundöffnung, den anderen an der Basis (vgl. Grafik). Die Geschlechtsknospen befinden sich zwischen den Tentakelkränzen. Hier werden Sporosacs, zurückgebildete Medusen entwickelt, die Geschlechtszellen erzeugen. Aus den befruchteten Eiern entstehen pelagische Larven, die sich in festsitzende Polypen umwandeln.

Seemoos

Sertularia cupressina

Name und Gestalt der etwa handgroßen, gelbbraunen »Büschel«, die ständig im Flutsaum der Nordseeküste zu finden sind, täuschen über den wahren Charakter dieser Gebilde. Auch hier handelt es sich nicht um eine Pflanze, sondern um Hydroidpolypen, also um Tiere. Sie leben auf festem Boden, Steinen oder Muschelschalen angeheftet, knapp unterhalb der Niedrigwasserlinie bis etwa 15 m Tiefe, aber auch in Prielen und Strömen im Wattenmeer. Dort kommen sie in oft rasenartig dichten Beständen vor, im Wasser bis 40 cm hoch auftreibend. Ein Seemoos-Büschel ist durch Sprossung aus einem einzigen Hydroidpolypen entstanden. Am Ende der zahlreichen Zweige sitzen die becherartigen Köpfchen dieser Tiere, wie Actinien mit Fangtentakeln versehen, deren Nesselzellen Kleinstlebenwesen fangen, betäuben und zur Mundöffnung führen. Bei der Fortpflanzung bilden sich Geschlechtsknospen, aus denen Eier und Samen, oft auch schon fertige Larven in das Wasser ausgestoßen werden.

Bis vor einigen Jahrzehnten spielte die Seemoosfischerei an der Nordseeküste noch eine gewisse Rolle. Es diente, präpariert und grün eingefärbt, als Zierwerk für kleine Wand- und Tischvasen der Andenkenindustrie und wurde an Kurgäste verkauft, ist heute aber aus der Mode gekommen.

Eine weitere, ähnliche Art, deren Triebe ebenfalls regelmäßig an den Stränden der Nordsee zu finden sind, ist das **Korallenmoos** *(Hydrallmania falcata)*. Es steht tiefer als das Seemoos und ist gekennzeichnet durch spiralenartige Hauptstämme mit federartigen Seitentrieben (vgl. Grafik).

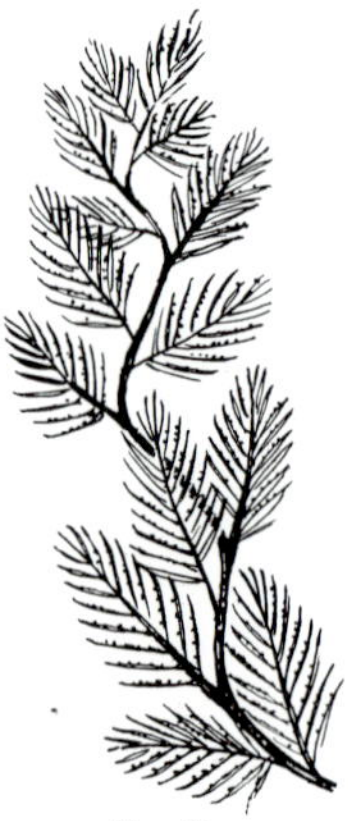

Korallenmoos

Bohrschwamm
Cliona celata

(Foto oben links)

Gelegentlich findet man am Strande Schalen und Gehäuse größerer Muscheln und Schnecken, die von einer Vielzahl millimeterkleiner, kreisrunder Löcher durchbohrt sind. Hier hat einmal im Inneren der leeren Mollusken ein Bohrschwamm gehaust und von innen her, aus einem Netz aneinandergereihter Kammern, die durch Poren miteinander verbunden sind, Öffnungen nach draußen gebohrt. Die obige Art kommt an der Nordseeküste, *Cliona vastifica* auch in der westlichen Ostsee vor.

Klumpenschwamm
Halichondria panicea

(Foto oben rechts)

Auf Steinen, größeren Muschelschalen und sonstigen Festkörpern knapp unterhalb der Niedrigwasserlinie der Nordsee, in Wattenprielen und in der westlichen Ostsee sitzen nicht selten die gelben, bis handgroßen Schwammklumpen der obigen Art. Schwämme sind niedere Meerestiere ohne Organe und Gewebe, Sinnes- und Nervenzellen. Die Körperwand wird geschützt von hornigen Fasern oder Kalknadeln. Durch Öffnungen fließt, bewegt von Geißelzellen, ein ständiger Wasserstrom durch das Innere des Tieres und führt Atemwasser und Nahrung zu.

Seenelke
Metridium senile

(Foto unten)

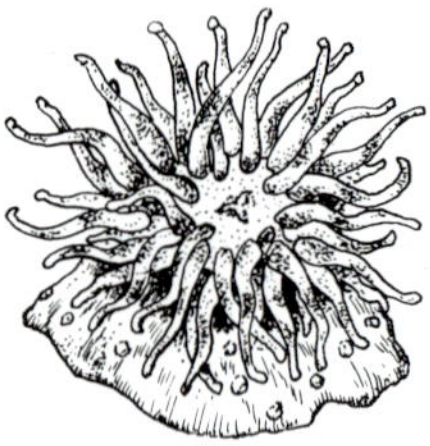

Dickhörnige Seerose
offen (oben) und
geschlossen (unten)

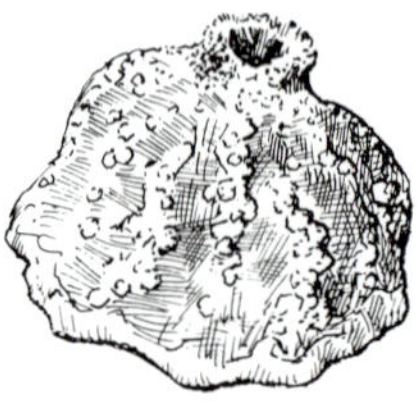

Seenelken wirken wie Blumen, sei es, daß man sie im Aquarium bewundert oder als Taucher in ihrem Lebensraum, der Nordsee und westlichen Ostsee, entdeckt. Aber es sind Nesseltiere, wie Quallen und Hydroidpolypen. Seenelken sitzen auf Festkörpern; das bis zu 25 cm hohe Tier trägt eine umfangreiche »Blume« aus etwa tausend Tentakeln, in denen sich Kleintiere verfangen und zur Mundöffnung geführt werden. Seenelken halten sich mittels einer breitrandigen Fußscheibe und einer schleimartigen Drüsenausscheidung auf ihrer Unterlage fest. Davon sind sie ohne Verletzung kaum zu lösen, doch können sie aus eigener Initiative den Standort verändern, was aber nur selten geschieht. Seenelken vermehren sich im Laufe des Sommers geschlechtlich durch zunächst freischwimmende Larven, aber auch ungeschlechtlich durch das Abschnüren von Teilstücken der Fußscheibe, aus denen sich neue Tiere bilden. Bei Ebbe können sie einige Zeit trockenfallen, ziehen ihre Tentakel-»Blume« dann aber ganz in sich hinein. Sie vermögen monatelang ohne Nahrung zu leben und werden wohl über 50 Jahre alt. In allen Meeren gibt es zahlreiche Arten. Ebenfalls in der Nordsee und westlichen Ostsee kommt die **Dickhörnige Seerose** *(Tealia felina)* vor (vgl. Grafik).

Wurzelmundqualle

Rhizostoma octopus

Von den verschiedenen Quallenarten in der sommerlichen Nordsee ist die Wurzelmundqualle, auch Blumenkohlqualle genannt, die zahlreichste und auffälligste. Zeitweise sind die Netze der Küsten- und Krabbenfischer derart von den Massen der Wurzelmundqualle gefüllt und verstopft, daß die Fischerei kaum noch möglich ist. Bei Schiffahrten sieht man sie oft dicht an dicht knapp unter der Wasseroberfläche schwimmen, mit gleichmäßigen Bewegungen der Glocke. Quallen bestehen weitgehendst aus Wasser, sind aber schwerer als dieses und müssen deshalb ständig schlagen, um zu schwimmen. Vom Hochsommer an bis weit in den Herbst hinein liegen sie täglich, oft massenweise angespült, am Strande. Die himmelblauen, manchmal auch farblosen Glocken haben einen Durchmesser von etwa 30 cm, manchmal auch von 50–60 cm. Kennzeichnend sind die 8 Mundlappen unter der Glocke, mit den gelblichen, blumenkohlartigen Krausen. Gestrandete Quallen sind sofort tot, und ihre geleeartige Masse erweckt bei manchen Strandwanderern Ekel – zu Unrecht, wie eine nähere Betrachtung der zarten Farben und Formen beweist. Wurzelmundquallen sind trotz ihrer Größe für Menschen ganz ungefährlich. Sie nesseln nicht. Ihre Nahrung besteht aus Kleinorganismen, die in den Magenhohlraum über Poren und Kanäle eingesaugt werden.

Kompaßqualle

Chrysaora hysoscella

schwimmende Kompaßqualle

Diese Qualle fällt durch ihre charakteristische, namengebende Zeichnung auf: In der Glockenmitte befindet sich ein runder, brauner Kreis, rundum auf der Glokkenhaut nach allen Richtungen wie eine Kompaßrose zum Rande verlaufende V-förmige Bänder. Wie rüschenartige Schleier wirken die 4 braunen Mundlappen unter der Glocke, an deren Rand 24 dicke Tentakel herabhängen (vgl. Grafik). Kompaßquallen erreichen einen Durchmesser von 20–30 cm. Sie leben vor allem an der westeuropäischen Atlantikküste, werden aber im Spätsommer und Frühherbst regelmäßig bis an die deutsche Nordseeküste vertrieben und stranden hier. Wie die vorherige, so ist auch diese Art für Menschen ganz ungefährlich. Quallen bestehen zu etwa 95% aus Wasser. Sind sie gestrandet und in Sonne und Wind vertrocknet, bleibt nur eine dünne Haut zurück. Die Vermehrung erfolgt, wie bei anderen Nesseltieren, durch Generationswechsel (s. Ohrenqualle, S. 44).

Ohrenqualle

Aurelia aurita

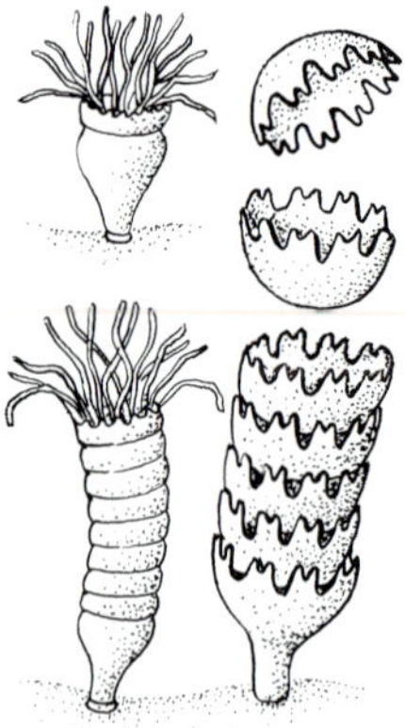

Entwicklung von Quallen-Scheiben aus einem Polypen

Kennzeichnend für diese Qualle, die sowohl in der Nordsee wie auch weit hinein in die Ostsee vorkommt und im Sommer regelmäßig am Strand angespült wird, sind die um das Zentrum der Glocke angeordneten 4 rosafarbenen Halbkreise, die Geschlechtsorgane des Tieres. Die Qualle ist die geschlechtliche Generation des Nesseltieres. Aus den Eiern der Ohrenqualle entstehen kleine Larven, die zunächst frei umherschwimmen, sich dann aber auf eine feste Unterlage niederlassen und kleine Polypen mit Fangarmen bilden. Diese Scyphopolypen wachsen als ungeschlechtliche Generation im Frühjahr in länglicher Form heran und stoßen durch Querteilung (Strobilation) nacheinander ringförmige Scheibchen ab, die freischwimmend ihr Eigenleben als Meduse bzw. Qualle beginnen (vgl. Grafik). Durchschnittlich entstehen aus einem Scyphopolyp ein Dutzend Medusen. Wenn sich die letzte »Scheibe« gelöst hat, bilden sich erneut Fangarme am Polypen aus, und im nächsten Frühjahr wiederholt sich noch einmal die Bildung von Medusen in der genannten Weise. Scyphopolypen sind also mehrjährig, während die Ohrenqualle nur ein halbes Jahr alt wird. Die Vermehrung der übrigen Scheibenquallen-Arten vollzieht sich in ähnlicher Weise.

Nesselquallen

Cyanea-Arten

Die **Blaue Nesselqualle** *(Cyanea lamarcki)* gehört zu den häufigsten Quallen an der sommerlichen Nordseeküste, wo sie regelmäßig, oft in Massen angetrieben wird. Obwohl die Glocke nur einen Durchmesser von 15–20 cm hat, kann sie mit ihren zahlreichen feinen Fangarmen bzw. den daran hängenden Nesselbatterien auf der Haut von badenden Menschen erhebliche und stundenlang brennende Schmerzen verursachen.
Ebenfalls zu den im Volksmunde sogenannten »Feuerquallen« gehört die **Gelbe Haarqualle** *(Cyanea capillata),* die ebenfalls in den Sommermonaten an der Nordseeküste, gelegentlich auch in der Ostsee erscheint. Diese Art besitzt Glocken mit einem Durchmesser bis zu 1 m, an deren Unterseite bei schwimmenden Exemplaren ein dichtes Gewirr von Fangarmen hängt (vgl. Grafik). Die Masse dieser Fangarme beherrscht ein Umfeld von mehreren Quadratmetern, einzelne Fäden sind ausgestreckt bis 5 m lang. Mittels ihrer Nesselzellen kann die Gelbe Haarqualle Fische bis zur eigenen Körpergröße überwältigen, lebt jedoch vorwiegend von kleinen Beutetieren, die über die sich verkürzenden Fangarme zur Mundöffnung befördert werden.

Kugelrippenqualle, Seestachelbeere

Pleurobrachia pileus

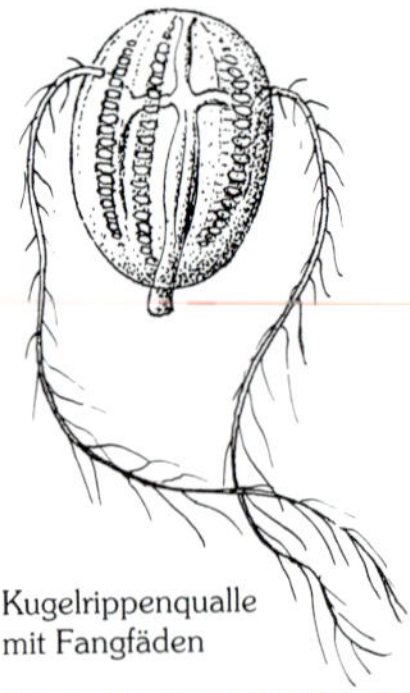

Kugelrippenqualle mit Fangfäden

Diese Art gehört nicht zu den Scheiben- sondern zu den Rippenquallen *(Ctenophora)*. Wegen der Streifenzeichnung wird sie auch Seestachelbeere genannt. Bei den »Streifen« handelt es sich um 8 Reihen mit dünnen Plättchen flimmernder Haare, die der Fortbewegung dienen. An dem eiförmigen Körper des nur knapp weintraubengroßen, durchsichtigen Tieres hängen 2 lange Fangfäden mit länglichen Klebezellen, jedoch ohne Nesselzellen (vgl. Grafik). Diese Fäden können mitsamt gefangener Beute ganz eingezogen werden. Die Mundöffnung der Seestachelbeere befindet sich an der Körperunterseite. Eine ungeschlechtliche Fortpflanzung ist – im Gegensatz zu den Scheibenquallen – nicht bekannt. Die Tiere sind Zwitter; die Fortpflanzungszellen werden direkt ins Wasser abgegeben. Sowohl im Winter wie auch im Sommer werden »Seestachelbeeren« oft in Massen am Strand der Nord- und Ostsee angespült.

Blättermoostierchen

Flustra foliacea

(Foto oben rechts)

Diese und die nachfolgenden Arten gehören zu den Moostierchen *(Bryozoa)*, eher an Pflanzen erinnernde Tiere, die bei genauerer Betrachtung jedoch sehr hoch organisiert sind. Sie leben koloniebildend in oft netzförmig angeordneten Kammern aus Kalk oder Chitin und strudeln mittels eines Tentakelkranzes nach Nahrung und Atemwasser. Die Vermehrung erfolgt bei fast allen Arten durch Zellenknospen oder Eier. Blättermoostierchen bilden etwa handgroße Büschel, die in der Nordsee und Ostsee auf Muscheln und Steinen aufwachsen.

Seerinde

Membranipora membranacea

(Foto unten links)

Die Seerinde bevorzugt die großen Blätter des Zuckertangs und anderer Laminarien, die sie oft breitflächig mit dem Netzwerk ihrer Zellen überzieht. Kolonien dieser Tiere können bis 150 cm lang und bis 20 cm breit werden, also das ganze Blatt des Zuckertangs bedekken. Kleinere Kolonien sind aber auch auf Miesmuscheln, Wellhornschnecken u.a. zu finden. Auffallend ist die mauersteinartige Versetzung der Kammern.

Zottige Seerinde

Membranipora pilosa

(Foto unten rechts)

Die Kammern dieser Art sind kleinmaschiger und rundlicher als jene der vorherigen. Und sie siedelt weniger häufig auf breiten Tangblättern, sondern hüllt Stengel und Triebe kleinerer Meerespflanzen ein. Auf dem Foto hat die Zottige Seerinde nahezu alle Triebe eines Seemoosbüschels eingehüllt. In der Ostsee ist der Salzgehalt für diese Art zu niedrig, doch in der Nordsee kommt sie häufig vor.

Meer-Ringelwurm
Nereis virens

Fast schlangenartig wirkt der 30–50 cm lange, dunkelgrüne Körper des Meer-Ringelwurmes mit den dichten Reihen, fast schuppenartig übereinandergelagerter Hautlappen der Rückenborsten. Er lebt in der Gezeitenzone der Nordsee, vereinzelt auch noch im Flachwasser der westlichen Ostsee, verborgen im Boden, in einem verkitteten Gang, der in Verbindung mit der Oberfläche steht. Durch schlängelnde Bewegungen des Körpers und Schlagen mit den Borstenlappen wird ein kräftiger Wasserstrom in die Wohnröhre gestrudelt und daraus die Nahrung, Kleinstgetier und Pflanzenteilchen, herausgefiltert. Trotz seiner Größe tritt dieser Wurm erstaunlicherweise fast nie auf dem Watt oder am Strand in Erscheinung, weder tot noch lebend – mit einer Ausnahme! In der Laichzeit Ende April bis Mitte Mai, verlassen die Würmer ihre Wohnröhren und schwimmen sowohl am Meeresboden wie auch dicht unter der Wasseroberfläche in oft umfangreichen, verschlungenen Massen umher, werden dann aber leicht die Beute von Fischen und Seevögeln. Vermutlich sind es aber nur Männchen, die aus ihren Röhren herauskommen, um ihren Samen auszustoßen, der zu den im Boden verbleibenden Weibchen sinkt. Auch die Entwicklung der Larven vollzieht sich im Boden.

See-Ringelwurm
Nereis diversicolor

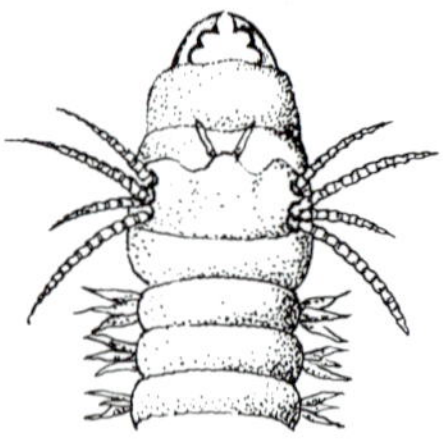
Vorderende

Diese Art wird 10–15 cm lang und kommt sowohl an der Nordseeküste wie auch in der Ostsee bis hinauf in Flußmündungen mit Brackwasser vor. Am ehesten ist er noch im Wattboden zu finden. Wenn man hier im Lebensraum des Wattwurmes gräbt, kommen im aufgeworfenen Boden sehr bald auch See-Ringelwürmer zutage und versuchen, mit Bewegungen wie ein Tausendfüßer, sich wieder zu vergraben. Der rötliche, manchmal auch grünliche Wurm mit dem auffälligen »Blutband« auf dem Rücken, lebt in bis zu 40 cm tiefen, senkrechten Röhren, aus denen er bei Flut herauskriecht, um in der Umgebung Nahrung, Kleingetier, Aas und Algen einzusammeln, die er mit den scharfen Kiefern zerkleinert (Grafik). Doch bleibt der See-Ringelwurm stets mit dem Körperende in der Röhre, um sich bei Gefahr schnell zurückzuziehen. Trotzdem gehört er zur regelmäßigen Beute von Plattfischen. Die Laichzeit fällt in das Frühjahr, die Larven entwickeln sich im Boden.

Neben dem See-Ringelwurm treten noch einige weitere, ähnliche Arten an der Nord- und Ostseeküste auf, so der bis zu 12 cm lang werdende *Nereis pelagica*.

Wattwurm, Pierwurm

Arenicola marina

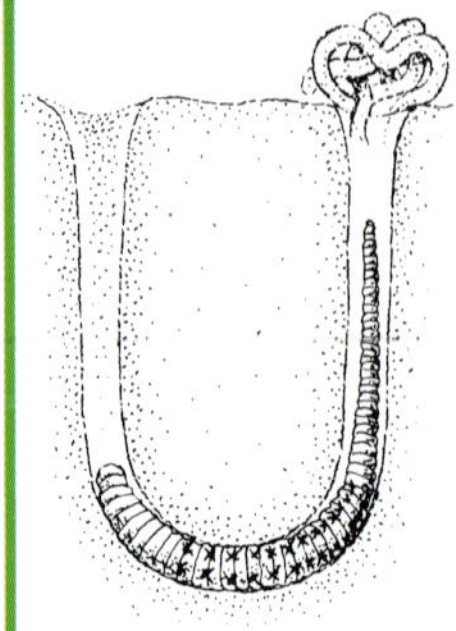

Wattwurm in der Röhre

Auf festen Sandwatten sind die kringeligen Sandkothäufchen des Wattwurmes, auch Sandpier genannt, weithin eine charakteristische Erscheinung (Foto unten). Der durchschnittlich 15–20 cm lange Wurm lebt in einer schleimverkitteten Röhre etwa 25 cm tief im Wattboden (Foto oben links). Diese Röhre hat die Form eines U mit einem »Wohntrakt« im unteren Teil sowie Ein- und Ausgängen zur Oberfläche (vgl. Grafik). Je nach den Bodenverhältnissen sind in der Regel aber nur Wohntrakt und Ausscheidungsrohr verkittet, während das Eingangsrohr durch die Tätigkeit des Wurmes durchweg mit feuchtem Sand gefüllt ist. Der Wattwurm liegt am Boden dieser Röhre und saugt am unteren Ende des Eingangsrohres bzw. Fraßganges den Sand von oben herunter, so daß an der Oberfläche trichterförmige Vertiefungen im Wattboden entstehen. Über eine ausgeprägte Rüsselschnauze saugt der Wurm die Sandmassen in sich hinein und entzieht daraus seine Nahrung, Kleinlebewesen und Detritus, aus pflanzlichen und tierischen Geweberesten bestehende Sinkstoffe. Über den Darm wandert der Sand in das Hinterende des Tieres, und sobald dieser gefüllt ist, steigt der Wattwurm rückwärts im Ausscheidungsrohr hoch und drückt unmittelbar unter der Oberfläche den Sand heraus. So bilden sich ununterbrochen auf dem Wattboden diese Kothäufchen (Foto oben rechts).

Durchschnittlich steigt ein Wattwurm etwa alle 40 Minuten nach oben und läßt im Laufe eines Jahres bis zu 25 kg Sand durch seinen Körper wandern. Bei einer Besiedlung von etwa 20 Tieren pro Quadratmeter wird somit die Gesamtmasse des Wattbodens bis zu einer Tiefe von 25 cm alljährlich verarbeitet. Über den Fraßgang wird aber auch Wasser mittels peristaltischer Bewegungen des Wurmkörpers durch die Wohnröhre geleitet, um die 13 Paar roter Kiemenbüschel (vgl. Grafik), die sich über den Mittelteil des Tieres hinziehen, mit Sauerstoff zu versorgen. Auch wird dem Wattwurm dadurch Planktonnahrung zugeführt.

Nach Eintritt der Geschlechtsreife im Alter von 2 Jahren erfolgt die Eiablage in der zweiten Oktoberhälfte bei Neu- und bei Vollmond, also zur Zeit der Springtide. Nach dem Laichen stirbt etwa die Hälfte der Weibchen ab. Die Larven halten sich von Anfang an am Boden auf, zunächst aber an der Oberfläche, ehe sie sich dann in ihren zukünftigen Lebensraum verkriechen. Wattwürmer dienen trotz ihrer verborgenen Lebensweise etlichen Vögeln und Fischen als Nahrung.

Seemaus, Seeraupe
Aphrodite aculeata

Dieser eigenartige Borstenwurm, 10–15 cm lang werdend, lebt in den Schlickzonen der Nordsee und im Kattegat, aber nicht mehr in der Ostsee. Auffallend sind die stacheligen Borsten an beiden Körperseiten, die je nach Bewegungen und der Beleuchtung in allen Regenbogenfarben schimmern. Sie gaben der ansonsten eher ungestalteten Seemaus den wissenschaftlichen Namen, nach der schönen, schaumgeborenen Göttin Aphrodite. Doch kommt das Farbenspiel der Borsten selten zur Geltung, weil diese voll von Seegras und Algen hängen und das Tier im Boden lebt. Die Seemaus kriecht dicht unter der Oberfläche durch Sand und Schlick und erzeugt mit den Flimmerhaaren der Borstenfüße einen kräftigen Wasserstrudel um ihren Körper. Aufgenommenes Atemwasser wird durch das aus dem Boden herausgehobene Hinterteil ausgestoßen. Was aber vorne zwischen die kräftigen Zähne gerät, wird gefressen, darunter auch der räuberische Borstenwurm *Lumbrinereis fragilis*. Umgekehrt fällt aber auch die Seemaus trotz ihrer verborgenen Lebensweise und ihrer Borstenstacheln oft Fischen zum Opfer.

Köcherwurm
Pectinaria koreni

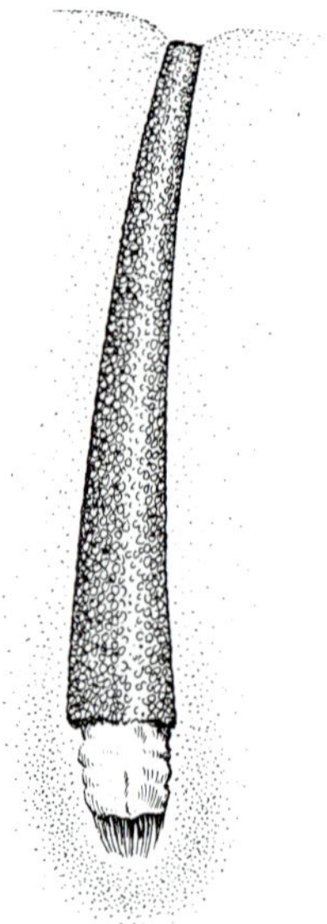

In der Masse des täglichen Angespüls findet man gelegentlich die bis zu 7 cm langen, kunstvollen Köcherröhren der obigen Art – meistens leer, nach Sturmfluten aber auch mit dem noch lebenden Tier, das sich weit zurückgezogen hat. Die Köcher sind aus Sandkörnern in exakter Form gekittet, nicht nur vorne, sondern auch am dünnen Hinterende offen. Der Köcherwurm, etwa halb so lang wie seine Wohnröhre, steckt mit dieser kopfunter im Boden, gerade so tief, daß das Köcherende bis zur Oberfläche reicht, damit der Kot abgesetzt werden kann. Mit seinen goldglänzenden Grabborsten lockert der Wurm den Sand vor seinem Kopf und tastet diesen mit Tentakeln nach Nahrung ab. Von Zeit zu Zeit erzeugt das Tier durch wellenartige Bewegungen einen Wasserstrom durch seine Köcherröhre, um den durchgearbeiteten Sand über die Hinteröffnung herauszubefördern. So entsteht vor dem Kopf des Tieres eine Höhlung, die von oben ständig mit nachfließendem Substrat gefüllt wird und für neue Nahrungszufuhr sorgt (vgl. Grafik). Täglich verarbeitet der Köcherwurm auf diese Weise eine Bodenmasse vom 5–6fachen seines eigenen Gewichtes. An günstigen Stellen leben bis zu 200 Exemplare pro Quadratmeter, aber beim Graben im Watt stößt man nur selten auf eine Kolonie dieser Tiere.

Dreikantwurm

Pomatoceros triqueter

(Foto oben links)

Treibgut, Muschelschalen, Brückendalben und Küstenschutzwerke unterhalb der Niedrigwasserlinie in der Nordsee und westlichen Ostsee sind oft dicht an dicht mit den verschnörkelten Kalkröhren dieser Tiere bedeckt. Der Dreikantwurm wird bis zu 5 cm lang, steckt aus der Röhre aber nur seinen lebhaft rot, blau oder gelb gefärbten Tentakelkranz hervor. Dreikantwürmer sind Hermaphroditen, also zweigeschlechtlich. Zu Beginn des Sommers sind fast alle Tiere männlich, Mitte des Sommers zur Hälfte männlich und weiblich, gegen Ende Ausgust ganz überwiegend weiblich. Die nach dem Ablaichen schlüpfenden Larven schwimmen noch einige Zeit im Freiwasser, gehen dann zu Boden und beginnen mit der Kalkausscheidung zum Bau ihrer Wohnröhre.

Posthörnchenwurm

Spirorbis borealis

(Foto oben rechts)

Die zierlichen, spiralförmigen, bis 5 mm langen Kalkröhren dieser Art findet man oft massenweise auf Festkörpern in der Nordsee und westlichen Ostsee, insbesondere aber auf den Blättern derber Brauntange. Posthörnchenwürmer betreiben eine gewisse Brutpflege. Abgelaicht wird in der Wohnröhre. Ebenso verbleiben die Larven nach dem Schlüpfen einige Zeit in der Röhre des Muttertieres und siedeln sich dann bevorzugt in der Umgebung der Elterntiere an.

Bäumchenröhrenwurm

Lanice chonchilega

(Fotos unten)

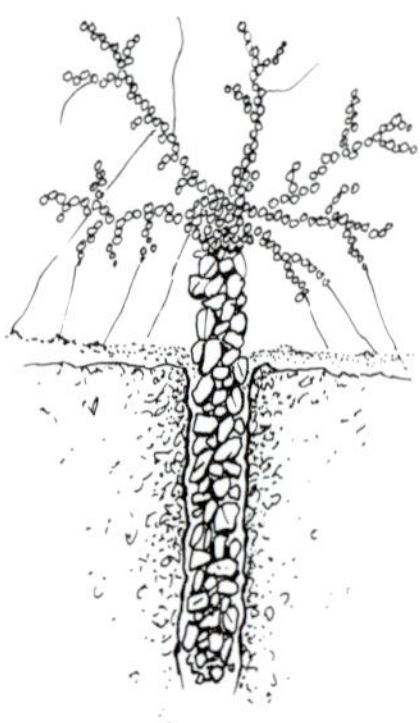

Wohnröhre des Bäumchenröhrenwurmes

Aus festem, grobsandigen Wattboden, aus hartsandigen Prielrändern oder aus den Rändern von Miesmuschelbänken ragen die fingerlangen Röhrenenden dieser Würmer (Foto unten links). Sie sind aus Steinchen, Sand, Bruchstücken von Muschelschalen und Schneckengehäusen und sonstigen Festkörpern gekittet und tragen ein borstenartiges Kopfende (Foto unten rechts), das mit feinen Fäden am Boden befestigt ist (vgl. Grafik). Dieses eigenartige Gebilde verlängert sich etwa 25 cm tief in den Boden. Im Inneren der schleimverklebten, glatten Röhre lebt der rund 5 cm lange Wurm – mit seinem roten Körper, grünem Darm und roten Kiefern ein farbenfrohes Tier. Bei Flut steigt der Bäumchenröhrenwurm zum Kopfende seiner Behausung und tastet mit seinen bis 12 cm langen Tentakeln die Haltefäden und die Umgebung nach Nahrungsstoffen ab. Nach Sturmfluten werden die freigespülten Röhren oft massenweise an den Strand gespült.

Seepocken

Balanus balanoides

Uferschutzmauern, Buhnen, Brücken und andere Festkörper im Strandbereich der Nordsee sind oft dicht an dicht mit den Kalkgehäusen der Seepocken besetzt. Dabei siedelt sich diese Art bis an die äußerste obere Grenze ihrer Daseinsmöglichkeit an, dort, wo oft nur noch höhere Fluten oder der Wellenauflauf und Brandungsspritzer bei Hochwasser hinreichen, so daß den Tieren nur eine kurze Zeit für den Nahrungserwerb geboten wird. Seepocken gehören als Rankenfüßer zur großen Familie der Krebstiere, worauf trotz der ganz ungewohnten Gestalt der stammesgeschichtliche Ursprung hinweist. Die mit 4 Kalkplättchen verschlossenen Gehäuse öffnen sich bei Flut und fächerartig greifen die zierlichen Rankenfüße heraus, ziehen sich dann wieder ruckartig zusammen, dem Tier Frischwasser und Planktonnahrung zuführend (vgl. Grafik). Seepocken sind zweigeschlechtlich, also sowohl mit männlichen wie auch mit weiblichen Geschlechtsorganen versehen. Trotzdem findet keine Selbst-, sondern eine Fremdbefruchtung statt, wozu ein langer Penis dient, der zu benachbarten Tieren reicht.

Die obige Art lebt in der Nordsee. Eine andere, die **Gekerbte Seepocke** *(Balanus crenatus)*, die sich mit Vorliebe auf Treibgut, auf Krebspanzern und Schneckengehäusen ansiedelt und somit – obwohl selbst festsitzend – laufend ihren Standort wechselt, kommt auch in der Ostsee vor.

Entenmuschel

Lepas hillii

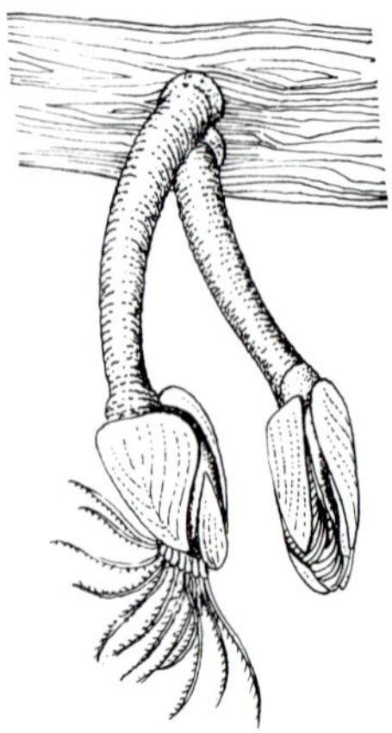

Wie die Seepocken, so gehören auch Entenmuscheln mit ihren verschiedensten Arten zu den Rankenfüßern und damit zur umfangreichen Familie der Krebstiere. Doch leben Entenmuscheln nicht in der Küstenzone, sondern im Gegenteil weit draußen in der offenen See. Dort hängen die etwa daumengroßen, zarten Kalkplatten, zwischen denen der Rankenfüßer eingeschlossen lebt, mit derben, fingerlangen Stielen an Treibgut wie Holz, Flaschen, Seezeichen und Blasentang (vgl. Grafik). Dem Strandwanderer kommen sie erst zu Gesicht, wenn Wind und Strömung diese Treibgüter an die Küste spülen, wo die gestrandeten Entenmuscheln allerdings zum Sterben verurteilt sind. Entenmuscheln setzen sich aber auch oft an Schiffsböden fest und können deren Geschwindigkeit erheblich mindern. Das Foto zeigt die Art *Lepas hillii.* Daneben sind auch die Arten *Lepas ansifera* mit silbergrauen, gekerbten Schalen und *Lepas fascicularis* auf Treibgut am Nordseestrand zu finden.

Schlickkrebs
Corophium volutator

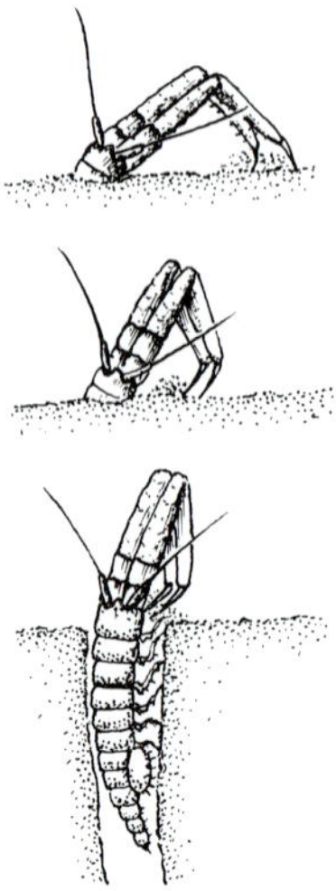

Schlickkrebs bei der Nahrungssuche

Diese, zur Ordnung der Flohkrebse zählende Art kommt im Flachwasser der Nord- und Ostseeküste, insbesondere in der Uferregion des Wattenmeeres, speziell in Sandschlickwatten vor, manchmal mit einer Besiedlungsdichte von einigen Zehntausend Exemplaren pro Quadratmeter. Hier wird bei windstillem Wetter das Krabbeln und Grabbeln dieser Tiere hörbar, als weithin hörbares »Knistern«, das bei Ebbe aus dem Wattboden aufsteigt.
Schlickkrebse werden bis 15 mm lang, wobei etwa die Hälfte der Länge auf das 2. Fühlerpaar entfällt, das besonders beim Männchen ausgeprägt ist, da es außer zur Nahrungssuche auch zum Festhalten der Weibchen bei der Paarung dient. Schlickkrebse stecken in U-förmigen Röhren, die im Sommer etwa 4 cm, im Winter aus Frostschutzgründen bis 12 cm tief sind. Schlickkrebse sammeln als Nahrung Kieselalgen und Kleinorganismen, verlassen aber auch ihre Röhre – insbesondere, wenn Männchen auf der Suche nach Weibchen sind – und schwimmen in der Nähe ihres Wohngebietes umher. Das Massenheer der Schlickkrebse ist Nahrung von Fischen, die bei Flut, und von Vögeln, die bei Ebbe diesen Tieren nachstellen. Ihre Vielzahl ist eine der Ursachen für den Nahrungsreichtum im Wattenmeer.

Sandhüpfer
Talitrus saltator

Rund 220 Arten von Flohkrebsen leben an der Nord- und Ostseeküste. Den Sandhüpfer, Länge bis 16 mm, endeckt man am ehesten durch das Hochheben von Tangbüscheln und ähnlichem Strandgut, das angespült am Strande liegt. Dutzende von Sandhüpfern halten sich oft darunter verborgen und springen nun, indem sie den untergeschlagenen Hinterleib blitzschnell gerade schlagen, in allem Richtungen auseinander, um ein neues Versteck zu finden.
Sehr ähnlich ist der **Strandfloh** *(Orchestia gammarellus)*, der ebenfalls unter Treibgut lebt, aber steinigen Untergrund bevorzugt. Er hält sich nicht selten weit über der Hochwasserlinie auf, findet aber sicher zum Flutsaum zurück – durch Orientierung an Sonne oder Mond aber auch mit Hilfe eines offenbar angeborenen Richtungssinnes. Wie bei vielen anderen Krebstieren findet die Verpaarung erst kurz nach der Häutung des Weibchens statt, wenn die neue Haut noch nicht verhärtet ist für Durchgang und Ablage der Eier. Um diesen Zeitpunkt nicht zu verpassen, trägt das Männchen schon einige Zeit vorher das Weibchen umher.

Nordseegarnele

Crangon crangon

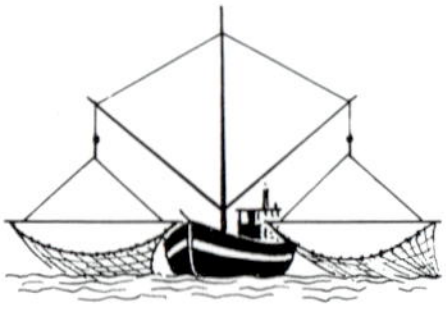

Krabbenkutter

Die korrekte Bezeichnung Nordseegarnele für dieses bis zu 7 cm lange, gelbbraune Krebstier ist an der Nordsee nahezu unbekannt. An der südlichen Nordseeküste heißt diese Art »Granat«, wird plattdeutsch aber auch »Porre« genannt. Der häufigste, auch auf Speisekarten verwendete Name »Krabbe« ist jedoch falsch, da als Krabben Krebse mit eingeklapptem Schwanz bezeichnet werden, Garnelen aber langschwänzig sind. An der Nordsee kommt diese Art sowohl in den Wattenprielen wie auch in tieferem Wasser sehr häufig vor und ist hier Gegenstand einer umfangreichen Fischerei durch Kutter (Grafik), vereinzelt auch mittels Stellnetzen und Reusen. Nordseegarnelen ernähren sich von Algen, Flohkrebsen und sonstigem Kleingetier, auch von frischtoten, größeren Fischen und anderen Seetierkadavern. Ruhende Garnelen liegen geradezu unsichtbar eingewühlt im Sand. Bei Gefahr schnellen sie sich durch Rückschläge ihres Schwanzes blitzschnell davon, tasten sich aber auch neugierig an die Füße stillstehender Wattenwanderer heran. Die Paarung erfolgt unmittelbar nach der Häutung. Zur Eiablage legt sich das Weibchen mit eingeklapptem Schwanz auf den Rücken und plaziert die Eier, die wie an einer Perlenschnur aus der Geschlechtsöffnung heraustreten, zwischen den mittleren und hinteren Beinen. Trotz der Eimasse – bis zu 14 000 Stück – wird die Bewegungsfreiheit kaum behindert. Nordseegarnelen laichen in der Zeit zwischen April und August 3mal.

Wollhandkrabbe

Eriocheir sinensis

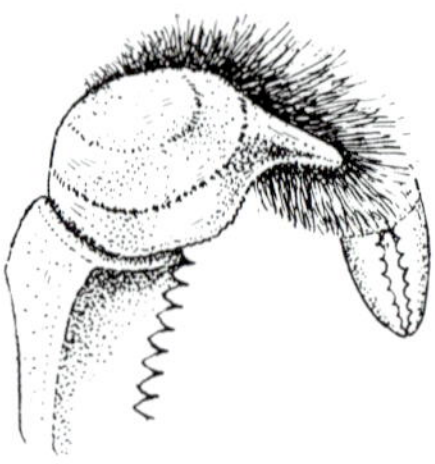

Schere der männlichen Wollhandkrabbe

Ursprünglich lebte dieser Kurzschwanzkrebs an ostchinesischen Küsten und in den dortigen Flußmündungen. Doch um 1910 wurde die Wollhandkrabbe durch Handelsschiffe, vermutlich in Form von Larven im Ballastwasser, nach Europa eingeschleppt und tauchte ab 1912 an der Weser auf. In den 20er Jahren erfolgte eine rasche Verbreitung an den Flußmündungen der Deutschen Bucht und über den Nord-Ostseekanal gelangt die Art auch in die Ostsee, stieß hier jedoch auf zu niedrige Wassertemperaturen. Die Wollhandkrabbe, so genannt wegen der behaarten Scheren, die besonders bei älteren Männchen ausgeprägt sind (vgl. Grafik), lebt im Süß- und Brackwasser. Zum Laichen benötigt sie einen gewissen Salzgehalt des Wassers, etwa 1–1,5%, und wandert deshalb zu diesem Zweck in die Küstengewässer. Die Männchen erwarten die Weibchen an den Flußmündungen zwecks Begattung, und ab Juli trifft man die laichenden Weibchen im Wattenmeer.

Strandkrabbe

Carcinus maenas

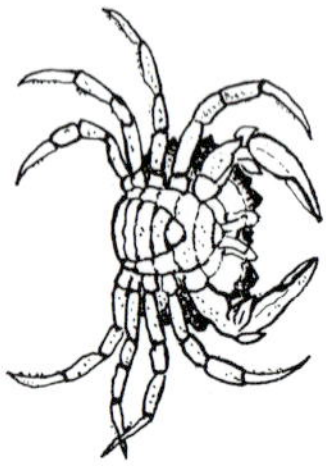

Unterseite des Weibchens mit eingeklapptem Hinterleib

Diese Art gehört zu den bekanntesten Krebsen, und nahezu jeder Besucher der Nord- und Ostseeküste bekommt sie in irgendeiner Weise zu Gesicht, sei es tot angepült, zwischen den Buhnen und Brückenpfählen im flachen Wasser dicht am Ufer umherlaufend oder als unerwünschter Beifang in Reusen und Netzen von Küstenfischern. Strankrabben sind vor allem nachtaktiv, doch sieht man sie auch am Tage in typischer Weise quer umherlaufen. Bedroht, spreizen sie abwehrend und kneifbereit ihre Scheren auseinander, graben sich sekundenschnell in den sandigen Meeresboden ein und verschwinden unter Tangbüschel. In den Wintermonaten verziehen sich die Strandkrabben aus dem Watt und den Küstengewässern und suchen tiefere Lebensräume auf. Als Allesfresser verzehren sie sozusagen alles, was ihnen vor die Schere kommt, auch Muscheln, die mit den Scheren aufgeknackt werden. Die Verpaarung vollzieht sich derart, daß sich das Männchen einige Zeit vor der Häutung des Weibchens an dessen Unterseite klammert und mitgetragen wird, bis unmittelbar nach der Häutung die Befruchtung möglich ist. Nach einigen Monaten werden bis zu 200 000 Eier gelegt und vom Weibchen unter dem breiten, eingeklappten Schwanz (vgl. Grafik) getragen, bis die Larven schlüpfen. In dieser Zeit lebt das Muttertier sehr versteckt und legt bei Gefahr ihre Beine schützend über die Eiklumpen.

Taschenkrebs

Cancer pagurus

Nächst dem europäischen Hummer *(Homarus vulgaris)* ist der Taschenkrebs der mächtigste Vertreter der Krebsfamilie, kommt aber nur in der Nordsee und im Kattegat bis zum Sund, aber nicht mehr in der Ostsee vor. Er wird aber kaum in Küstennähe gefunden, da er Wassertiefen ab 20 m benötigt; ebenso fehlt er auf reinem Sandboden, da er steinigen Grund bevorzugt, weshalb er nur gebietsweise in der Nordsee zu finden ist. Der braunrote Rückenpanzer wird bis 30 cm lang, und die Scheren sind so kräftig, daß sie einen Menschenfinger bis zum Knochen durchkneifen können. Erst im Alter von 5 Jahren wird dieser große Krebs geschlechtsreif und nach der ersten Verpaarung dauert es 14 Monate bis zur Ablage der fast 30 Millionen Eier, aus denen ½ Jahr später, im Sommer, die Larven schlüpfen. Bei den nachfolgenden Verpaarungen reduziert sich die Zeit zwischen Begattung und Eiablage auf 6 Monate. Taschenkrebse können nicht schwimmen, aber in alle Richtungen laufen.

Schwimmkrabbe

Portunus holsatus

(Foto oben links)

Die Schwimmkrabbe hat Ähnlichkeit mit der Strandkrabbe, doch fallen am hintersten Beinpaar dieser Art die platten Glieder auf, mit deren Hilfe sie bis unter die Wasseroberfläche schwimmen kann. Die Schwimmkrabbe kommt in der Nordsee bis zum Kattegat vor, fehlt aber in der Ostsee, weil hier der Salzgehalt für sie zu niedrig ist. Man findet diese Krabbe aber nur selten im Flutsaum oder im Flachwasser des Wattenmeeres und der Küstenzone, weil tieferes Wasser bevorzugt wird. Am ehesten ist sie noch im Beifang der Krabbenfischer zu entdecken.

Seespinne

Hyas araneus

(Foto oben rechts)

Der Rückenpanzer dieser Art hat die Form eines abgerundeten Dreiecks, und die überlangen Beine sind viel weniger derb, als beispielsweise jene der Strandkrabbe; gleiches gilt für die Scheren. Seespinnen trifft man in der Nordsee und noch im nordwestlichen Teil der Ostsee, etwa bis zur Kieler Bucht, im tieferen Wasser. Zur Eigenart dieser Tiere gehört die Tarnung mittels Algen- und Polypenbüschel, die mit den Scheren an die kleinen Stacheln des Rückenpanzers geheftet werden. Wegen ihrer umfangreichen Ruhepausen und trägen Bewegungen ist die Seespinne aber auch oft auf natürliche Weise mit Algen, Polypen und Seepocken bewachsen. Da sie selbst langsam ist, kann sie nur entsprechend unbewegliche Beute ergreifen. Hauptnahrung sind Seesterne.

Einsiedlerkrebs

Eupagurus bernhardus

(Foto unten)

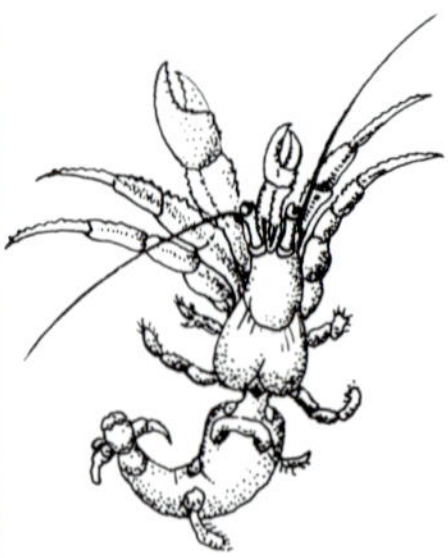

Einsiedlerkrebs ohne Gehäuse

Weil der Einsiedlerkrebs einen weichen ungepanzerten Hinterleib hat (vgl. Grafik), muß er diesen mittels eines Schneckengehäuses schützen. Im Laufe einer langen Entwicklungsgeschichte hat sich dieser Krebs vorzüglich seiner »Wohnung« angepaßt, die er trotz des relativ großen Gewichtes behende mitträgt. Ausgewachsene Einsiedlerkrebse bewohnen in der Regel Gehäuse der Wellhornschnecke (s. Foto). Wenn sich das Tier bei Gefahr in das Gehäuse zurückzieht, wird der Eingang exakt mit den Spitzen der Scheren abgeschlossen, die verschieden lang sind, um die Längendifferenz zwischen dem inneren und äußeren Schneckengang auszugleichen. Durchweg sind die Wohngehäuse des Einsiedlerkrebses noch von anderen Tieren, Stachelpolypen, Seerinde, Seepocken oder gar Pantoffelschnekken bewohnt, die von der Nahrung des Krebses profitieren. Mit der kleineren Schere »schaufelt« der Einsiedler im Boden und führt alles mögliche Kleingetier zum Munde.

Miesmuschel

Mytilus edulis

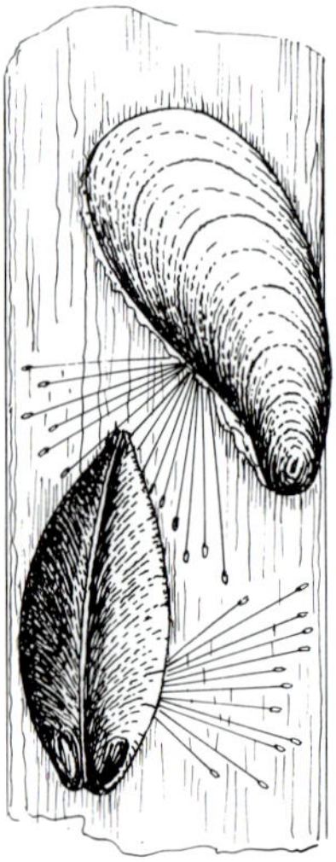

Byssusfäden von der Muschel zum Holz

Von den rund 80 Muschelarten der Nord- und Ostsee ist die reichlich daumengroße Miesmuschel wohl die bekannteste. Sie wird nicht nur häufig im Flutsaum des Strandes, sondern auch überall verstreut auf den Watten gefunden. Als eiweißhaltiges und delikates Gericht erscheint sie auf den Speisekarten von Restaurants. Außerdem leben die Miesmuscheln nicht wie fast alle anderen Arten im Boden verborgen, sondern auf dem Watt- und Meeresboden, wo die oft umfangreiche »Bänke« bilden. Diese Bänke liegen sowohl auf den bei Ebbe trockenfallenden, festen Sandwatten (Abb. oben) wie auch in den Prielen und unterhalb der Niedrigwasserlinie. Am dichtesten sind die Bestände im nahrungsreichen Wattenmeer, wo das ständige Hin und Her des Gezeitenstromes für Nahrungszufuhr sorgt. Doch ist die Miesmuschel auch in der Ostsee nicht selten, wo sie bis in Tiefen von 50 m und bis hinauf in den Bottnischen Busen vorkommt. An günstigen Stellen siedeln bis zu 12000 Miesmuscheln pro Quadratmeter, zusammengeklumpt und miteinander verbunden durch drahtartige Fäden, den »Byssusfäden«, die aus einem Sekret der Muschel gebildet werden (vgl. Grafik). Mit diesen Fäden heften sich die Tiere auch an Festwerke wie Buhnen und Brückenbalken.

Gegen wechselnde Umweltbedingungen ist diese Art vielseitig angepaßt. Miesmuscheln können tagelang im warmen Sommerwetter trocken liegen, aber auch monatelangen Einschluß durch Eismassen im Winter ertragen. Eisschollen »rasieren« aber nicht selten die Bänke im Wattenmeer völlig ab, und hilflos ist diese Muschel, wenn sich die Sände im Watt und in Küstennähe verlagern und die Bänke die Miesmuscheln bedecken. Dann müssen alle Tiere ersticken. Nur junge Muscheln können sich mit Hilfe ihres »Fußes«, einem fingerartigen Organ, bewegen, ältere Exemplare aber nicht mehr. Die Miesmuschel ernährt sich durch Filtern umfangreicher Wassermengen, stündlich bis zu 3 Liter, aus denen sie alle möglichen Organismen, bis hinunter zur Winzigkeit von Bakterien, heraussiebt. Die Fortpflanzung erfolgt im Frühsommer durch das Ausstoßen von Eiern und Samenflüssigkeit. Die aus den befruchteten Eiern schlüpfenden Larven leben einige Zeit freischwimmend und setzen sich dann an geeigneten Plätzen fest. In nahrungsreichen Gewässern wachsen die Muscheln im Laufe von 3–5 Jahren heran und werden etwa 15 Jahre alt. Zu den natürlichen Feinden gehören Seesterne, Purpurschnecken und Tauchenten.

Auster
Ostrea edulis

Obwohl die bis zu 15 cm groß werdende Auster an der deutschen Nordseeküste bis auf wenige Restbestände durch die übermäßige Fischerei in früheren Jahrhunderten ausgerottet ist, werden doch noch an den Stränden der Ost- und Nordfriesischen Inseln laufend die charakteristischen, unverwechselbaren Schalen dieser Muschel gefunden. Nennenswerte Vorkommen, die sich auch bewirtschaften lassen, gibt es noch im dänischen Limfjord, doch fehlt die Auster wegen des zu niedrigen Salzgehaltes in der Ostsee. Im Nordfriesischen Wattenmeer bei Sylt und Amrum befinden sich Anlagen für die Austernzucht. Bekanntlich gelten Austern als Delikatesse und lassen sich als Nahrungsmittel schon seit der Steinzeit durch umfangreiche Schalenansammlungen, den sog. »Kökkenmöddingern«, an kultischen Plätzen nachweisen. Austern leben auf festem Boden, doch unter ständiger Wasserbedeckung, etwa ab 1 m unterhalb der Niedrigwassergrenze bis 7 m Tiefe. Oft sind die Schalen mehrerer Tiere miteinander verwachsen, doch findet man Austern auch einzeln. Die Tiere durchlaufen mehrfach eine Geschlechtsumwandlung. Das zunächst männliche Tier verwandelt sich bei Wassertemperaturen ab 12° und günstigen Nahrungsbedingungen zu einem Eier produzierenden Weibchen, das bis 1 Million Eier in das Wasser ausstößt.

Schwert- und Scheidenmuscheln

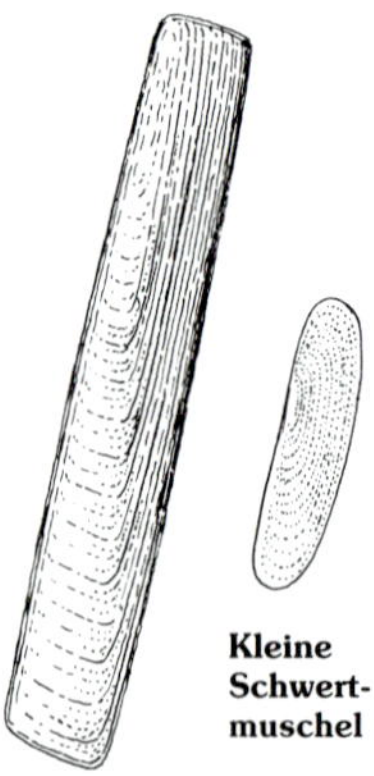

Die schmale, bogenförmige, bis 15 cm lange **Scheidenmuschel** *(Ensis ensis)* hat gelbbraune Ränder und schimmert in der Mitte rosaweiß. Durch ihre eigenartige Gestalt ist sie mit keiner anderen Art zu verwechseln, es sei denn mit ihren Verwandten, der **Kleinen Schwertmuschel** *(Cultellus pellucidus)*, die nur bis 4 cm lang wird (Grafik), und der **Großen Scheidenmuschel***(Cyrtodaria siliqua)*, die bis 20 cm lang wird, aber nicht gebogen ist (Grafik). Die erstgenannte Art lebt im Sandboden an der Nordseeküste in Tiefen von 5–30 m in Gängen, in denen sie auf- und absteigen kann. Mit Hilfe ihres Grabfußes kann sich die Scheidenmuschel unglaublich schnell in den Sandboden eingraben. Zwischen den Muschelschalen im Flutsaum des Strandes gehört diese Art allerdings zu den seltenen Funden, vermutlich weil sie zu weit vor der Küste lebt. Doch seit Anfang der 1980er Jahre ist die **Amerikanische Schwertmuschel** *(Ensis direktus)* in Massen am Strand vieler Nordseeinseln zu finden (s. Foto). Sie ist vermutlich als Laich im Ballastwasser von Frachtern nach Europa importiert.

Sandklaffmuschel
Mya arenaria

Fast alle Muschelarten leben im Boden vergraben oder gar in feste Gegenstände wie Kreidefelsen, Buhnen und Brückenpfähle eingebohrt. Zu diesen, dem Strand- und Wattenwanderer verborgenen Tieren gehört auch die Sandklaffmuschel, deren Schale bis zu 15 cm lang wird und die damit zu den größten einheimischen Muscheln gehört. Sandklaffmuscheln kommen sowohl in der Nordsee wie auch in der Ostsee vor, wo sie bis zum Bottnischen Meerbusen vordringt. Sie meidet aber Küsten mit zu starker Brandung, wie beispielsweise die Westküste von Sylt. Sehr häufig ist sie im nahrungsreichen Wattenmeer, auch auf Watten, die bei Ebbe trokken fallen und bei Flut nur für kurze Zeit vom Wasser bedeckt sind. Sandklaffmuscheln graben sich von allem heimischen Arten am tiefsten ein, bis zu 30 cm, halten aber über einen entsprechend langen Sipho, ein schlauchähnliches Organ, Verbindung zur Oberfläche, um Sauerstoff und Nahrung aus dem Wasser zu filtern. Dieser Sipho ist von einer faltigen, braunen Haut umgeben. Bei Erschütterungen des Wattbodens, etwa durch Wanderer, wird er ruckartig eingezogen und das sich noch darin befindende Wasser wie eine kleine Fontäne herausgespritzt. Gelegentlich verraten aber auch kleine Löcher im sandigen Boden die Anwesenheit dieser großen Muschel. Jüngere Exemplare stekken weniger tief im Boden und können sich noch auf und ab bewegen, ausgewachsene Sandklaffmuscheln aber nicht mehr. Deshalb sind die auf eine möglichst stationäre Umgebung angewiesen, die sich nicht durch Sandwanderungen vertieft oder erhöht. An den sich ständig verändernden Kanten von Wattenprielen treten nicht selten die Kolonien dieser Muscheln zutage und sterben ab, mit ihren aufrechtstehenden, messerscharfen Schalenrändern eine Gefahr für barfußgehende Wattenwanderer. Freigespülte Schalen werden an den Strand verfrachtet und dort selten in Massen, aber doch regelmäßig und ganz weißgebleicht gefunden. An der Nordseeküste ist die große und wohlschmeckende Muschel – wie auch in Nordamerika – ein Nahrungsmittel, besonders in Notzeiten. Doch erfordert das Einsammeln umfangreiche Grabarbeit mit Spezialforken.

Eine verwandte Art ist die kleinere, bis 7 cm lange **Abgestutzte Sandklaffmuschel** (*Mya truncata;* Grafik), die nicht eiförmig rund, sondern am oberen Ende abgestutzt ist. Auch sie lebt im Sandboden der Nord- und Ostsee, sucht aber größere Tiefen ab etwa 6 m auf. Ihre Schalen sind auch regelmäßig am Strande zu finden.

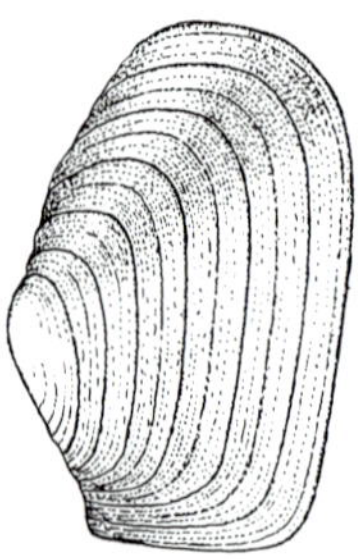

Abgestutzte Sandklaffmuschel

Plattmuschel
Macoma baltica

Unter den vielen Muschelschalen, die oft wie ein buntes Mosaik den Strand der Nord- und Ostseeküste bedecken, ist die obige, etwa daumennagelgroße Art eine der häufigsten. Plattmuscheln kommen bis in den Bereich des Bottnischen Meerbusen vor, werden mit abnehmendem Salzgehalt in der Ostsee aber immer kleiner und sind im Grenzbereich ihres Vorkommens nur noch etwa erbsengroß. Ansonsten leben sie massenweise im Boden längs der deutschen Küsten, an der Nordsee ab der Niedrigwasserlinie bis etwa 15 m Tiefe, in der Ostsee bis zu einer Tiefe von 140 m, weil der Salzgehalt dort höher ist als an der Oberfläche. Plattmuscheln meiden Küsten mit starker Brandung. Frisch angespülte Schalen sind oft rot oder gelb, manchmal auch blau, je nach den Bodenverhältnissen, aus denen sie stammen. Doch in der Sonne sind alle Farben bald weiß gebleicht. Die lebende Plattmuschel sitzt etwa fingertief im Sande, streckt aber einen langen Sipho zur Oberfläche und saugt staubsaugerartig Atemwasser und Nahrungsstoffe ein.

Eine schwer zu unterscheidende, ebenfalls auf dem nebenstehenden Foto vertretene Art ist die **Tellmuschel** *(Tellina tenusis)*, die jedoch nicht an deutschen Ostseestränden zu finden ist, sondern ihr Vorkommen auf die Nordsee beschränkt.

Herzmuschel
Cardium edule

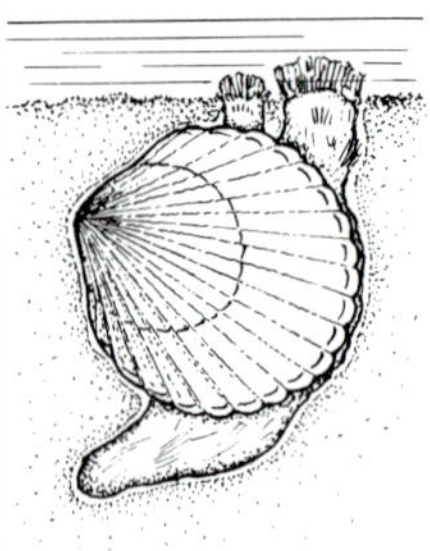

Herzmuschel im Boden

Im flachen Küstengebiet der Nordsee und im Wattenmeer ist diese Muschel eine der häufigsten. Sie kommt auch in der westlichen Ostsee vor, wo sie jedoch wie andere Arten mit abnehmendem Salzgehalt kleiner wird und schließlich ganz verschwindet. Leere Herzmuschelschalen, blaugrau, gelb oder weiß, liegen regelmäßig vertreut am Strande und auf dem Wattboden und werden massenhaft in Form regelrechter »Muschelwälle« angespült. Im Wattenmeer siedelt diese Art an günstigen Stellen mit einer Dichte von bis zu 5000 Exemplaren pro Quadratmeter. Nebst Auster und Miesmuschel ist auch die Herzmuschel gelegentlich auf der Oberfläche zu finden, was jedoch nicht generell der Fall ist. Lieber noch gräbt sie sich im Sandboden einige Zentimeter tief ein und streckt ihre beiden getrennten Siphonen (=Ein- und Ausströmungsröhre) heraus, um Atemwasser und Nahrungsstoffe durchzustrudeln (vgl. Grafik). Herzmuscheln sind mit Hilfe ihres Fußes sehr beweglich und wechseln öfter ihren Standort. In manchen Küstenländern werden sie gesammelt und gegessen, sind aber auch Nahrung von Fischen und Möwen.

Amerikanische Bohrmuschel
Petricola pholadiformes

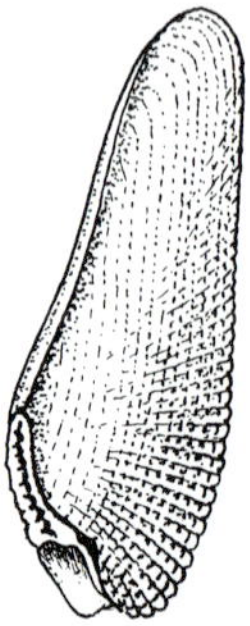

Große Bohrmuschel

Trotz ihres Namens und Aussehens gehört diese Art zur Familie der Venusmuscheln. Sie ist erst um die Jahrhundertwende mit Austerntransporten von der amerikanischen Ostküste über England in die Nordsee gelangt, gehört jedoch längst zu jenen Muscheln, deren Schalen – als sogenannte »Engelsflügel« – regelmäßig im Flutsaum des Strandes zu finden sind. Mittlerweile ist die Amerikanische Bohrmuschel auch bis in die westliche Ostsee vorgedrungen, ist hier jedoch noch selten. Die weißen bis rahmgelben Schalen werden bis zu 7 cm lang und sind vorn gekennzeichnet durch radiale, zackige Rippen, mit deren Hilfe sich diese Muschel durch raspelartige Bewegungen in festen Torf, Klei und sogar Kreidegestein einbohrt. Über einen Sipho hält das Tier aus der Höhle heraus Verbindung mit dem Wasser, aus dem Planktonnahrung gefiltert wird.
Vertreter der eigentlichen Bohrmuscheln sind die bis 12 cm lange **Große Bohrmuschel** *(Pholas dactylus)*, erkennbar an den zugespitzten Vorderenden (Grafik), die der Amerikanischen Bohrmuschel ähnliche **Weiße Bohrmuschel** *(Pholas candida)* und die breite **Krause Bohrmuschel** *(Zirfaea crispata)*.

Schiffsbohrmuschel, Pfahlwurm
Teredo navalis

Schiffsbohrmuschel und deren Gänge im Holz

Am Strande angetriebene Holzstücke weisen nicht selten runde, knapp 10 mm breite und 20–50 cm lange Bohrgänge auf, die mit einer weißen, kalkartigen Haut ausgekleidet sind – Zeugen der nagenden und zerstörenden Tätigkeit einer eigentümlichen Muschelart: der Schiffsbohrmuschel. Diese Art bohrt sich in Holzbalken von Buhnen und Brücken, Küstenschutzwerken, Schiffsrümpfen und Treibholz ein und kann somit erhebliche Schäden anrichten. Die Schalen bestehen aus kaum zentimetergroßen Klappen am Vorderende und dienen nur noch als Raspeln für das Hineinbohren in Holz. Im übrigen besteht diese Muschel aus einem wurmartigen, bis 20 cm langen Weichteil, das keinen Schutz durch Schalen benötigt, weil es im Holz verborgen ist (vgl. Grafik). Nur die Atemrohre ragen heraus, lassen sich bei Gefahr aber ganz zurückziehen und verschließen mit Kalkplatten den Eingang zur Bohrröhre. Die Schiffsbohrmuscheln leben aber nicht nur im Holz, sondern ernähren sich auch vom Holz, das sie nach dem Abraspeln verdauen. Ein Weibchen produziert jährlich einige Male mehrere Millionen Eier und betreibt eine regelrechte »Brutpflege«, derart, daß die Jungen bis zum letzten Larvenstadium im Kiemenbrutraum der Mutter verbleiben.

Buhne mit Seepocken und Strandschnecken

Nordseeküste und Wattenmeer bestehen fast ausschließlich aus Sänden und Schlickflächen, die ständig in Bewegung sind und durch Strömung und Brandung umgelagert werden. Instabile Lebensräume machen zahlreichen Tieren und Pflanzen eine dauernde Besiedlung schwierig oder ganz unmöglich. Während an der deutschen Ostseeküste vielerorts große Findlinge die Strandzone und den Meeresboden bedecken und einer entsprechenden Fauna und Flora einen festen Untergrund bieten, weist an der Nordsee von Natur her nur der Buntsandsteinfelsen Helgoland ähnliche Daseinsbedingungen auf. So ist es kein Zufall, daß zahlreiche Meerespflanzen und Meerestiere vorwiegend oder gar ausschließlich bei Helgoland vorkommen. An der übrigen Nordseeküste sowie im Wattenmeer sind es nur vom Menschen geschaffene Gegenstände wie Brücken, Buhnen und Uferschutzwerke, aber auch gestrandete Schiffe, die einen festen Untergrund bieten und oft dicht an dicht von Seenelken und anderen Hohltieren, Schwämmen, Stachelhäutern, Strandschnecken, Seepocken und Miesmuscheln besiedelt sind.

Strandschnecken

Littorina-Arten

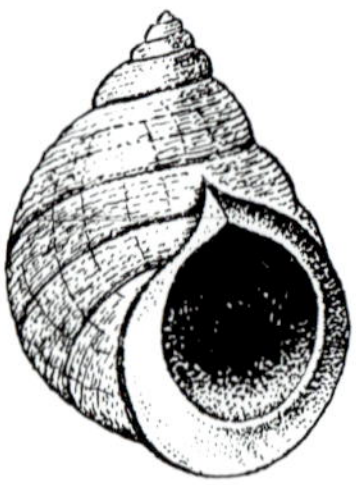

Gewöhnliche Strandschnecke

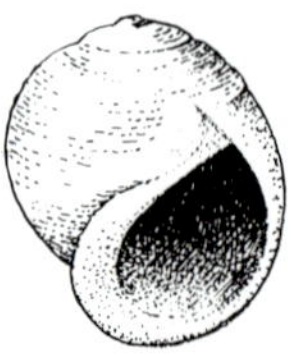

Stumpfe Strandschnecke

Beide Arten (s. Grafik), die **Gewöhnliche Strandschnecke** *(Littorina littorea)* mit deutlich ausgeprägter Spitze (Foto) und die **Stumpfe Strandschnecke** *(Littorina obtusata)* mit einem mehr rundlichen Gehäuse, kommen in der Strandzone des Wattenmeeres und der Nordseeküste an günstigen Stellen, insbesondere an Buhnen, Brücken und auf Muschelbänken, in Massen vor, leben aber auch verstreut auf Sand und Schlick in der Gezeitenzone. Beide Arten sind auch in der westlichen Ostsee vertreten, verlieren aber ab dem Kattegat mit abnehmendem Salzgehalt an Größe. Draußen in der Nordsee wird die erstgenannte Art bis zu 3 cm hoch, mißt an der Küste jedoch nur bis 1,5 cm und ist hier genauso klein wie *Littorina obtusata.* Die meisten Strandschnecken ruhen bei Ebbe, einige aber ziehen, lange Schleifspuren hinterlassend, ihre Bahnen durch den feuchten Sand. *Littorina littorea* siedelt höher, zeitweilig sogar über die Mittlere Hochwasserlinie hinauf, während *Littorina obtusata* tiefere Zonen bevorzugt und teilweise unter der Niedrigwasserlinie lebt. Beide Arten ernähren sich von Algen, die mit einer Raspelzunge abgenagt werden. Im Frühjahr werden die Eikapseln abgelegt, die zunächst frei umherschwimmen, bis nach etwa 3 Wochen die geschlüpften Larven den Boden aufsuchen.

Wattschnecke

Hydrobia ulvae

(Foto oben links)

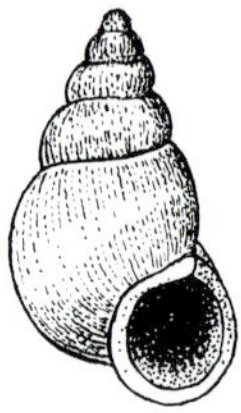

Die winzige Wattschnecke gehört zu den häufigsten Tieren des Wattenmeeres, fällt mit ihrem nur wenige Millimeter kleinen Gehäuse aber erst bei genauerem Hinsehen auf (Grafik). An günstigen Stellen mit überwiegendem Schlickwatt siedeln bis zu 70 000 Tiere pro Quadratmeter. Bei Ebbe graben sich diese Schnecken teilweise ein und zerlöchern den Boden. Man sieht sie aber auch geschäftig umherwandern, um Grünalgen und den braunen Belag aus Kieselalgen zu äsen, dabei Sand und Schlick mit einem Netz von Schleifspuren überziehend. Fast überall am Wattufer liegen sie angespült, manchmal in Form regelrechter Strandwälle. Die Strandschnecke kommt auch in der tieferen Nordsee sowie in der Ostsee vor, erreicht hier aber nicht die Besiedlungsdichte wie auf dem Watt.

Turmschnecke

Turritella communis

(Foto oben rechts)

Diese Art mit dem hochgetürmten, aus etwa 16 Windungen bestehenden Gehäuse, lebt im tieferen Wasser der Nordsee, ab etwa 30 m bis 200 m Tiefe auf schlammigem Grund, wo sie mit bis zu 200 Exemplaren pro Quadratmeter auftreten kann. Aus dieser Tiefe werden aber nur selten Gehäuse auf den Strand gespült. Turmschnecken leben teilweise in einer selbstgegrabenen Bodenmulde und filtern die sich dort aus dem Wasser ständig absetzenden Planktonorganismen auf ähnliche Weise wie Muscheln. Turmschneckenmännchen haben kein Paarungsorgan und stoßen ihre Samenflüssigkeit deshalb frei ins Wasser.

Wellhornschnecke

Buccinum undatum

(Foto unten)

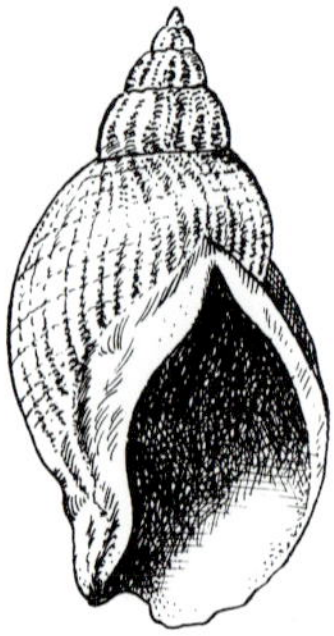

Die Wellhornschnecke ist eine der größten Meeresschnecken in der Nordsee und der westlichen Ostsee. Das etwa hühnereigroße Gehäuse ist regelmäßig am Strande zu finden, ebenso die faustgroßen, gelben Ballen aus aneinandergehefteten Eikapseln (im Foto rechts). Wellhornschnecken leben von der Niedrigwasserlinie an bis etwa 100 m Tiefe. Bei ihren Ausflügen auf das höhere Watt werden sie gelegentlich von der Ebbe überrascht und graben sich dann ein, da sie sonst eine Beute der Silbermöwen werden. Die Eikapseln werden im Frühjahr an Festkörper am Meeresboden geheftet. In jeder der erbsengroßen Eikapseln befinden sich bis zu 2000 Eier, von denen aber nur etwa 10 befruchtet sind. Alle übrigen dienen den Embryonen als Nährmasse. Die Entwicklung erfolgt innerhalb der Kapseln, aus der die Jungen mit einem fertigen Gehäuse von etwa 3 mm Länge auskriechen.

Nordische Purpurschnecke

Nucella lapillus

(Foto oben links)

Der Name dieser Meeresschnecke begründet sich auf eine Saftausscheidung, die in der Luft purpur oder scharlachrot verfärbt und in älterer Zeit als Färbemittel beliebt war. Purpurschnecken leben bevorzugt auf Felsboden in der Brandungszone, beispielsweise rund um Helgoland, an Hafenmolen und Küstenschutzbauten. In der Ostsee kommt diese Art wegen des zu niedrigen Salzgehaltes nicht vor. Purpurschnecken sind »Raubtiere«, die mit ihrer Reibezunge Seepocken, Muscheln und andere Schneckenarten anbohren und ausfressen. Die Eikapseln werden dicht nebeneinander auf Felsen und sonstiges Festwerk geheftet.

Nabelschnecke

Natica catena

(Foto oben rechts)

Auch diese Art kommt wohl in der Nordsee, aber nicht mehr in der Ostsee vor. Sie lebt vorwiegend im Sand oder im Schlick vergraben und stellt, während mit einem Atemrohr Verbindung zur Oberfläche gehalten wird, den im Boden eingegrabenen Muscheln nach. Mit einer Raspelzunge wird ein winziges Loch in die Muschelschale gebohrt und das Innere anschließend mittels Rüssel und Zunge ausgefressen. Überfallene Muscheln können sich kaum retten, da sie von der Nabelschnecke mit dem Fuß festgehalten werden. Der Laichballen besteht aus einer schalenförmigen Gallertknete mit eingebundenen Sandkörnern.

Pantoffelschnecke

Crepidula fornicata

(Foto unten)

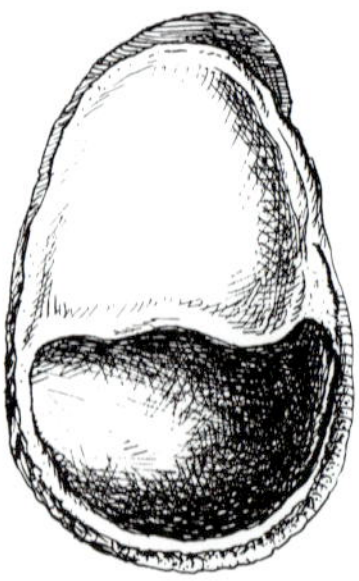

Pantoffelschnecke von unten

Wenn man ein leeres Gehäuse am Strand findet und von unten betrachtet, weiß man, warum diese Art »Pantoffel«-Schnecke heißt (vgl. Grafik). Lebende Tiere zu finden, erfordert gute Augen, denn diese sitzen an Steinen, Muschelschalen oder Wellhornschneckengehäusen so fest angefügt, daß man sie kaum als eigenständige Wesen erkennt. In der Regel sind Pantoffelschnekken zu 3–5 Tieren übereinander zusammengefügt, wobei die Gehäuse nach oben kleiner werden, damit die Standfestigkeit gesichert bleibt. Diese etagenartige Lebensgemeinschaft ermöglicht die geschlechtliche Vermehrung – in der Jugend sind alle Tiere männlich, verwandeln sich aber später zu Weibchen. Die festsitzenden Schnecken ernähren sich von schwimmenden Kleinalgen, die mit dem Wasser in den Mantelraum geleitet, dort ausgefiltert und aufgenommen werden. Zu diesem Zweck heben die Pantoffelschnecken den Rand ihres Gehäuses an, damit das Wasser hineinströmen kann.

Käferschnecke

Lepidochiton cinereus

Käferschnecken sind Weichtiere wie Muscheln und Schnecken, unterscheiden sich jedoch von diesen in mancherlei Hinsicht. Beispielsweise besitzen sie kein festes Gehäuse, sondern 8 querliegende Rückenplatten, die dachziegelartig übereinanderfassen und durch Muscheln verbunden sowie von einem Hautgürtel umgeben sind. Die Größe – bis etwa 2 cm – und Gestalt erinnern sehr an eine Kellerassel. Und wie diese, so krümmt sich auch die Käferschnecke, sobald sie vom Untergrund gelöst wird. Lebensraum dieser Art ist die Gezeitenzone des Wattenmeeres, ebenso die Flachwasserküste bis zur westlichen Ostsee. Bei Ebbe sitzt die Käferschnecke fest angesaugt auf Muschelschalen und Steinen oder sonstigen Festkörpern und ist hier infolge ihrer angepaßten Form nur schwer zu entdecken. Bei Flut schaben sie mit ihrer Raspelzunge den dünnen Algenüberzug, aber auch Polypentiere von ihrem Untergrund. Die Vermehrung erfolgt durch Ausstoßen von Samenflüssigkeit seitens des Männchens, sobald ein Weibchen in der Nähe ist. Dieses wiederum stößt, angeregt durch den Samen, ihre Eier aus.

Fadenschnecke

Aeolidia papillosa

Grüne Samtschnecke

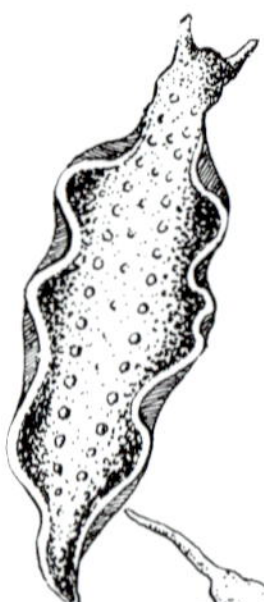

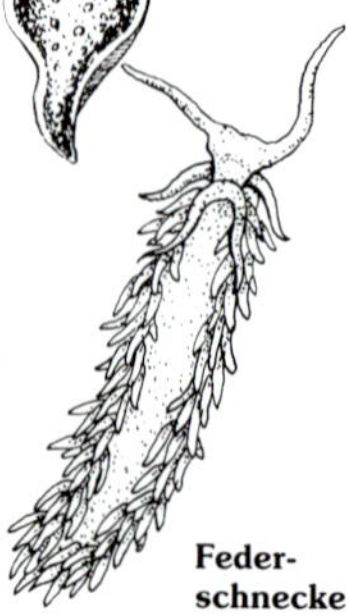

Federschnecke

Auffälliges Merkmal dieser zu den Hinterkiemern gehörenden Meeresnacktschnecke sind die Reihen der abgeplatteten Anhänge, die nahezu den ganzen Rücken bedecken, sowie die 4 Riechfühler am Kopf. Das bis zu 10 cm lang werdende Tier lebt auf festem Boden, Felsen und Steinen und ernährt sich unter bemerkenswerten Umständen von den dort ebenfalls vorkommenden Seenelken, Seeanemonen und anderen Nesseltieren, ohne durch deren giftige Nesselkapseln beeinträchtigt zu werden. Die Fadenschnecke beginnt mit dem Verzehr der Nesseltiere an deren Fuß, wo die Tentakeln mit den Nesselkapseln nicht hinreichen. Schließlich aber werden auch diese Teile der Actinie gefressen, doch wandern die Nesselkapseln, ohne ihr Gift entladen zu haben, unverdaut durch die Darmwand der Fadenschnecke in die Wandzellen der Rückenanhänge und werden dann über diese von Zeit zu Zeit ausgeschieden. Möglicherweise verhindert eine Schleimabsonderung die »Explosion« der Giftkapseln.
Neben der obigen Art kommen noch weitere, teils bizarr oder wie Blätter und andere Pflanzenteile aussehende Hinterkiemer in der Nord- und Ostsee vor, so die **Grüne Samtschnecke** (*Elysia viridis;* Grafik), die **Bäumchenschnecke** *(Dendronotus arborescens)* und die **Federschnecke** (*Facelina drummondi;* Grafik).

Tintenfisch
Sepia officinalis

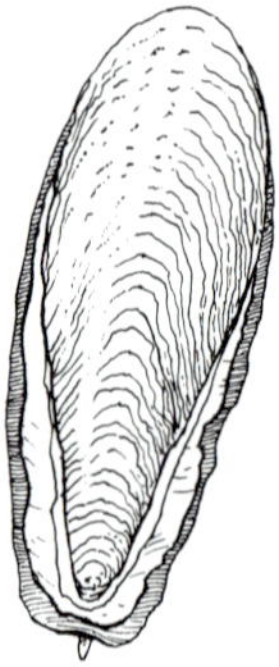
Schulp

Nur gelegentlich geraten Tintenfische in die Netze der Krabbenfischer oder gar in Stellnetze auf dem Watt. Ebenso selten werden sie als tote Exemplare am Strand gefunden – wie es das nebenstehende Foto zeigt. Aber regelmäßig liegen die bis zu 20 cm langen, kalkartigen Schulpe dieser Tiere im Flutsaum des Nordseestrandes (vgl. Grafik), die möglicherweise, da sie sehr leicht und schwimmfähig sind, aus dem Ozean herangetrieben werden oder von den immer wieder in die Nordsee hineinwandernden und dort absterbenden Tiere stammen. Der Tintenfisch hat seine nördlichste Verbreitung im Bereich der deutschen Nordseeküste. Er gehört zur Klasse der Kopffüßer und ist verwandt mit den Muscheln und Schnecken. Der Rücken von *Sepia offincinalis* zeigt eine lebhafte, zebraähnliche Streifenzeichnung, deren Farbe mittels einer Vielzahl Pigmentzellen rasch veränderlich ist. Deutlich hebt sich im Rücken des Tintenfisches der gesamte Schulp ab. Eigenartig, fast unheimlich wirkt der Kopf mit den ausdrucksstarken, hochentwickelten Augen, den 8 Armen und den 2 langen Tentakeln, an deren Ende Saugnäpfe sitzen. Ausgewachsene Tiere werden bis zu 5 kg schwer.
Bei Gefahr kann sich der Tintenfisch mit einer beachtlichen Menge schwarzer Flüssigkeit einnebeln. Diese »Tinte« wird aus einer Blase über den Enddarm ausgestoßen. Tintenfische schwimmen durch den Rückstoß des Wassers, das in den Mantelraum aufgenommen und über einen »Trichter« herausgestoßen wird. Entsprechend der Richtungsänderung dieses Trichters kann der Tintenfisch seine Schwimmrichtung bestimmen. Die Beutejagd auf Fische und Krebstiere wird in der Regel aus einer Lauerstellung heraus betrieben. Dier Tintenfisch liegt eingewühlt im Sande, durch die Rückenverfärbung der Umgebung gut angepaßt. Nähert sich nun eine Beute, löst sich der Kopffüßer unmerklich aus dem Boden und schwimmt durch den sanften Schlag seiner Saumflossen und den Wasserstoß des nach hinten gerichteten Trichters auf sein Opfer zu, das mit den plötzlich vorschnellenden Fangtentakeln erfaßt, zur Mundöffnung geführt und dort mit den scharfen Kiefern zerbissen und verzehrt wird. Wo Tintenfische häufig vorkommen, sind sie Gegenstand der Fischerei, da ihr Fleisch ausgezeichnet schmeckt.
Von den Verwandten der obigen Art kommen in der Nordsee u.a. der bis 70 cm lange **Nordische Kalmar** (*Loligo forbesii;* laicht im Sommer in der Nordsee) und der **Zwergkalmar** *(Alloteuthis subulata)* vor.

Gewöhnlicher Seestern

Asterias rubens

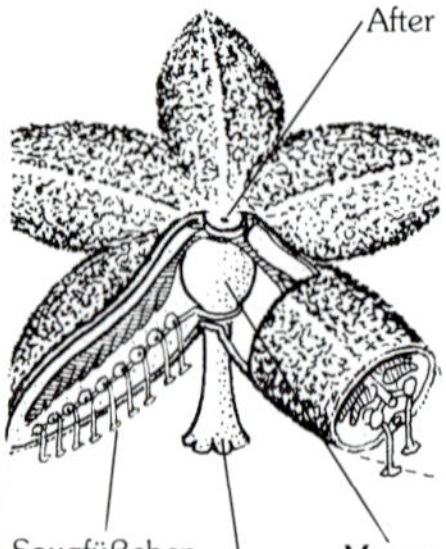

Bau eines Seesterns

Seesterne gehören zu den bekanntesten Meerestieren und sind mit zahlreichen Arten in allen Weltmeeren verbreitet. Zusammen mit den Seeigeln und Seewalzen sind sie Angehörige des Tierstammes »Stachelhäuter«, so genannt, weil aus der Haut des Kalkskelettes mehr oder weniger ausgeprägte Stacheln ragen. Der Gemeine Seestern kommt sowohl an der Nordseeküste wie auch in der Ostsee vor, wo er noch einen Salzgehalt des Wasser bis etwa 0,8% verträgt. *Asterias rubens* kann einen Gesamtdurchmesser bis 50 cm erreichen, doch findet man in Küstennähe in der Regel nur Exemplare bis 25 cm. Ihr Vorkommen im unmittelbaren Küstenbereich, auch in den Prielen des Wattenmeeres, ist jedoch abhängig von Buhnen, Miesmuschelbänken, Seezeichen, Schiffswracks und anderen festen Gegenständen, an denen sich diese Seesternart festsetzen kann. Nicht selten werden Seesterne nach Sturmfluten an den Strand gespült.

Die Oberfläche des Gewöhnlichen Seesterns ist orangerot bis violett. An der Unterseite der fünfarmigen Stachelhaut fallen die dichten Reihen der weißen Saugfüßchen auf, die der Fortbewegung, dem Festhalten und dem Nahrungserwerb dienen (vgl. Grafik). Hauptnahrung ist die Miesmuschel, die auf folgende Weise geöffnet wird (Foto unten): Der angreifende Seestern schiebt sich die geschlossene Muschel unter Scheibe und Mundöffnung, saugt sich mit den Oberarmen fest an die Muschelschale und mit den Armspitzen auf den Untergrund. Die dehnbaren Saugfüßchen der aufgewölbten Oberarme üben nun einen stetigen Zug aus, dem der Muskel der Miesmuschel nur etwa 1 Stunde gewachsen ist, Vermutlich sondert der Seestern noch zusätzlich eine betäubende oder giftige Flüssigkeit ab. Wenn sich die Schalen der Muschel nur einige Millimeter geöffnet haben, stülpt der Seestern seinen Magen in das Weichtier und beginnt mit dessen Verdauung. Neben Miesmuscheln stehen aber auch andere Muschel- und Schneckenarten sowie Krebstiere und Stachelhäuter, darunter auch kleine Exemplare der eigenen Art, auf der Beuteliste. Der Gewöhnliche Seestern hat selbst aber nur wenige Feinde in der Natur. Ganz kleine Exemplare werden von Tauchenten und Krebsen erbeutet, größere Tiere öfter von Sonnensternen angefallen und verzehrt. Doch kann sich *Asterias rubens* durch das Abwerfen des erfaßten Armes wehren und dem Sonnenstern entkommen. Abgeworfene Arme wachsen nach einer gewissen Zeit wieder nach.

Schlangenstern
Ophiura texturata

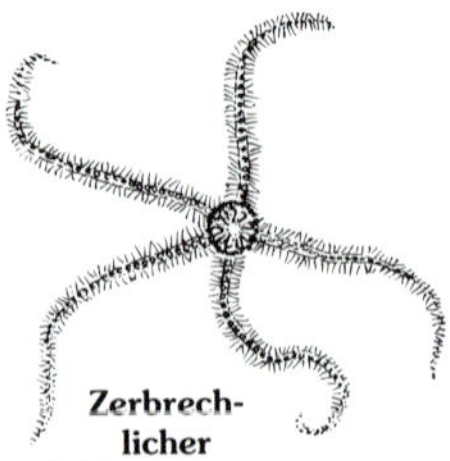

Zerbrechlicher Schlangenstern

Dieser Stachelhäuter ist gekennzeichnet durch eine runde Körperscheibe mit 5 schlanken Armen. Gesamtdurchmesser ausgewachsener Tiere bis 23 cm, doch in Küstennähe, wo er auch im Watt und gelegentlich im Flutsaum des Strandes gefunden wird, durchweg kleiner. Als Allesfresser verzehrt er alle möglichen tierischen, teils auch pflanzliche Organismen, fällt aber auch über Muscheln beachtlicher Größe her, die er mit seinem sternförmigen Maul schluckt und zum Öffnen bringt. Ähnlich ist der **Zerbrechliche Schlangenstern** *(Ophiothrix fragilis)*, dessen Arme mit langen Stacheln besetzt sind (Grafik).

Kammstern
Astropecten irregularis

(Foto oben rechts)

Diese Art erreicht einen Durchmesser bis 15 cm, lebt in der Nordsee und noch im Kattegat, aber nicht mehr in der Ostsee. Da sich der Kammstern in Tiefen zwischen 10 bis 35 m aufhält, ist er nur ganz selten im Flutsaum des Strandes zu finden. Ruhende Tiere liegen oft bis an den Rücken im Sande vergraben. In der Regel sind Kammsterne in der Morgen- und Abenddämmerung aktiv. Die Fortbewegung geschieht durch die Saugfüßchen, mit denen sich das Tier vom Boden hebt und ihre Bewegung in ein langsames Vorwärtsgleiten umsetzt; Geschwindigkeit pro Minute etwa 50 cm. Kammsterne fressen alles, was freßbar ist, auch Muscheln, die fast so groß sind wie ihre Körperscheibe. Die Muschel wird geschluckt und solange einbehalten, bis sie ihre Schalen öffnen muß, so daß der Kammstern mit seinem Magen das Weichtier aussaugen kann.

Sonnenstern
Solaster papposus

(Foto unten)

Der Sonnenstern lebt in der Nordsee und westlichen Ostsee ab etwa 10 m Wassertiefe. Er wird fast nie am Strande gefunden, doch öfter im Beifang von Fischkuttern an Land gebracht. Von allen einheimischen Stachelhäutern hat diese Art die meisten Arme, meistens 12–13, manchmal aber auch 15 oder nur 7. Nordsee und Ostsee bilden die südliche Verbreitungsgrenze dieser Art; sie gilt nach der Roten Liste als »potentiell gefährdet«. Sonnensterne ernähren sich vorwiegend von anderen Seesternarten, besonders von Gemeinen Seesternen, die auch angefallen werden, wenn sie größer sind als der Angreifer. Eigenartigerweise gehören aber auch Seeanemonen und andere Hohltiere zur Nahrung dieses Stachelhäuters. Im Frühjahr stößt das Sonnenstern-Weibchen einige Tausend Eier ins Meer, aus denen sich tonnenförmige Larven mit einer Saugscheibe am Vorderende entwickeln.

Strandigel

Psammechinus miliaris

(Foto oben links)

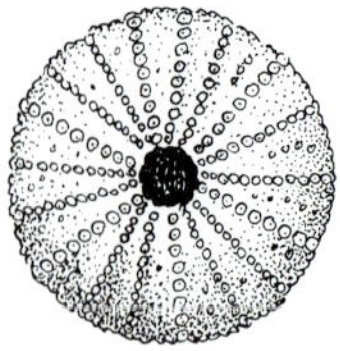

Gehäuse

An der Nordsee und in der westlichen Ostsee in Küstennähe bis etwa 100 m Tiefe verbreitet. Nach Sturmfluten sind die etwa 5-Markstück-großen Strandigel als lebende Exemplare am Strande zu finden. Häufiger aber noch als lebende Strandigel findet man die stachellosen grünen Schalen (Grafik). Diese bestehen aus dichtgeschlossenen Kalkplättchen, die mit einer dünnen Haut überzogen sind. Die grünen Stacheln mit den violetten Spitzen sitzen auf einer Art Kugelgelenk. Ihre Beweglichkeit ermöglicht dem Strandigel ein langsames Fortkommen. Die Tiere leben vorwiegend von Meerespflanzen, sind aber auch in der Lage, z. B. Herzmuscheln zu öffnen.

Eßbarer Seeigel

Echinus esculentes

(Foto oben rechts)

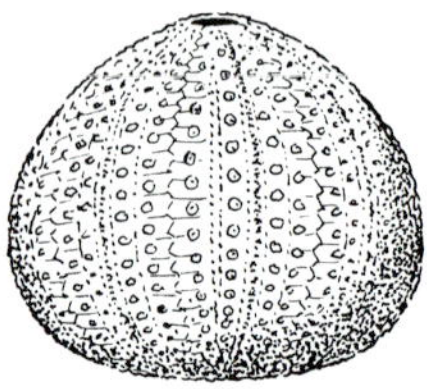

Gehäuse

Dieser fast apfelgroße, blau, violett und rot gefärbte Seeigel lebt in der Nordsee, wird aber nur selten in Küstennähe angetroffem, da er Wassertiefen ab etwa 10 m benötigt. Er gilt nach der Roten Liste als »potentiell gefährdet«. Eßbarer Seeigel wird er genannt, weil Teile seiner Organe in manchen Küstenländern als Delikatesse gelten. Das Stachelkleid ist dichter, aber kürzer als bei der vorherigen Art und die Saugfäden ragen deutlich darüber hinaus. Charakteristisch ist bei den Seeigeln der Kauapparat mit den 5 Zähnen, deren Spitzen aus der kleinen, runden Mundöffnung auf der Unterseite hervorstehen. Ernährungsweise ähnlich wie beim Strandigel.

Herzigel

Echinocardium cordatum

(Foto unten)

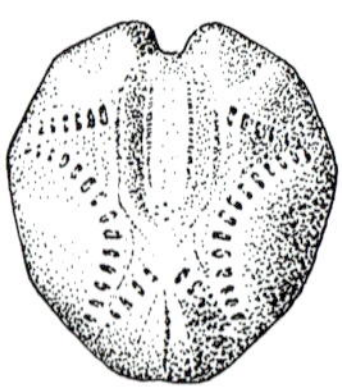

Gehäuse

Diese Art kommt in der Nordsee vor und lebt auch noch im Kattegat bis hinunter zu den dänischen Inseln, fehlt aber im Bereich der deutschen Ostsee. Bedingt durch seine Lebensweise, eingegraben im Meeresboden, wird man vergeblich nach lebenden Exemplaren suchen. Doch werden nicht selten die leeren und zartzerbrechlichen Schalen gestorbener Tiere freigespült und auf den Strand verfrachtet (Grafik). Der lebende Herzigel trägt ein dichtes, pelzähnliches Kleid von gelben Stacheln, die dem Körper dicht anliegen. Wie erwähnt, steckt diese Art im Boden, in schleimigverkleideten Höhlen mit einer Öffnung zur Oberfläche. Ein langer Saugfaden hält diese Öffnung ständig offen, so daß der Herzigel mit Frischwasser versorgt wird. Doch verharren die in der Regel kolonieweise (bis zu 20 Exemplaren pro Quadratmeter) lebenden Tiere nicht am Platze, sondern bewegen sich langsam durch den Boden, um dabei den Sand mit den daran haftenden Nahrungsstoffen aufzunehmen.

Nagelrochen
Raja clavata

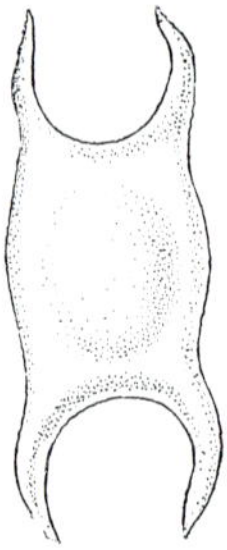
Eikapsel

Von den verschiedenen Vertretern der in allen Weltmeeren verbreiteten Rochen wird man an der Nordseeküste und in der westlichen Ostsee noch am ehesten den Nagelrochen antreffen. Männchen werden bis zu 70 cm, Weibchen aber bis 125 cm lang. Zusammen mit den Haien gehören Rochen zur Klasse der Knorpelfische. Während Jungtiere des Nagelrochens sowohl auf der Unter- wie auch auf der Oberseite dornenartige Stacheln tragen, haben ausgewachsene Exemplare nur einige verstreute Dornen auf der Oberseite sowie eine Stachelreihe vom Kopf bis zum Schwanz. Bis in das vorige Jahrhundert hinein erschien diese Art in erheblicher Anzahl im Wattenmeer und spielte hier für die Fischerei eine große Bedeutung. Heute gilt der Nagelrochen gemäß der Roten Liste als »gefährdet«. Rochen leben überwiegend am Boden, wo sie das Bodengetier erbeuten. Im Spätsommer legen die Weibchen etwa 20 abgeflachte Eikapseln mit spitz auslaufenden Ecken (Grafik) auf dem Meeresboden ab, aus denen nach knapp 5 Monaten die Jungen schlüpfen. Diese Eikapseln werden im Flutsaum des Nordseestrandes gefunden. Ebenso aber auch die Eikapseln anderer Arten, etwa des **Glattrochens** *(Raja batis)* oder des **Sternrochens** *(Raja radiata)*.

Hering
Clupea harengus

Heringe gehörten jahrhundertelang zu den Massenfischen im Nordatlantik, doch hat der Raubbau an den Beständen durch die Fischerei dazu geführt, daß Schutzverordnungen in Form festgelegter Fangzeiten und Fangquoten von den beteiligten Küstenländern erlassen werden mußten. Auf ihren alljährlichen, laichzeitbedingten Wanderungen ziehen Heringe in Scharen hinein in die Nord- und Ostsee, wobei es sich aber um verschiedene geografische Rassen handelt, bei denen sich unterschiedliche Laichzeiten ausgebildet haben. Im inneren Teil der Ostsee kommt z.B. der kleine, bis 22 cm lange »Strömling« vor. Downshering und Bankhering sind 2 Rassen der Nordsee. Sie werden bis 30 cm lang. Heringe leben sowohl an der Meeresoberfläche, wie auch in Tiefen bis 200 m. Ihre Nahrung besteht aus den Kleinlebewesen des Planktons, Fischlaich, Jungfischen, Krebstierchen u.a., und entsprechend dem tageszeitlichen Auf und Ab des Planktons stehen die Heringsschwärme in der Nacht oft dicht an der Oberfläche, tagsüber tiefer. Der Laich wird in Küstennähe in 10–40 m tiefem Wasser auf festem Boden abgesetzt. Ein Weibchen stößt bis zu 40 000 Eier aus.

Hornhecht

Belone belone

Mit seinen langausgezogenen Ober- und Unterkiefern zu einem schnabelartigen Maul und dem langgestreckten, aalähnlichen Körper ist der Hornhecht mit keinem anderen Fisch an deutschen Küsten zu verwechseln. Die Tiere werden 70–90 cm lang. Auf dem Laichzuge erscheinen sie ab April in großen Scharen an der Nord- und Ostseeküste. Im flachen Wasser werden im Mai und Juni die durchsichtigen Eier abgelegt und haften dann klumpenweise an Tangbüscheln, Seegras, Buhnen, Schiffstauen und an anderen Gegenständen. Ein Weibchen legt zwischen 1000 und 3500 Eier ab, aus denen nach rund 5 Wochen die Jungfische schlüpfen. Im Spätsommer bis Herbst ziehen die Hornhechte zurück in atlantische Gewässer. Für Sportangler und Fischer spielt dieser Fisch an deutschen Küsten eine nicht unwesentliche Rolle. In der gezeitenlosen Ostsee werden Hornhechte geangelt oder in Stellnetzen gefangen. Im Wattenmeer an der Nordseeküste werden »Fischgärten« aufgestellt – lange Netzwände mit verschiedenen Reusensystemen. Die bei Ebbe in die Nordsee zurückschwimmenden Fische werden an den Netzwänden entlang in die Reusen geleitet, in denen sie steckenbleiben und nach dem Trockenfallen der Anlage eingesammelt werden.

Kleine Seenadel

Syngnathus rostellatus

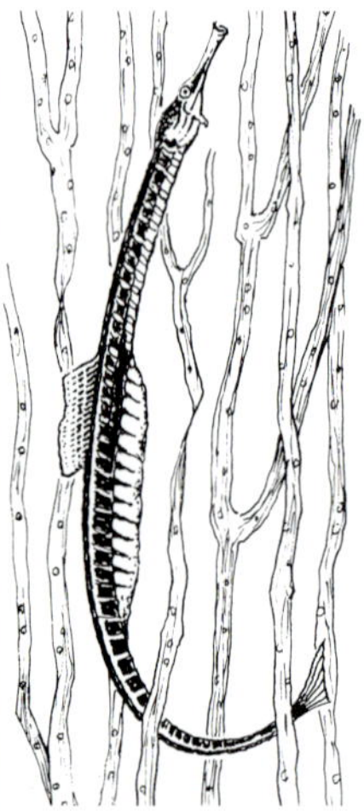

Große Seenadel
im Seegras versteckt

In den Tang- und Seegraswäldern der Nord- und Ostsee leben mehrere sehr ähnliche Seenadelarten, nämlich bis zu 30 cm lang werdende **Grasnadel** *(Siphonostoma typhle)*, die **Kleine Seenadel** *(Syngnathus rostellatus,* Länge bis 17 cm) und die **Große Seenadel** *(Syngnathus acus,* Länge bis 45 cm). Das Foto zeigt die Kleine Seenadel. Weitere Verwandte sind einige Arten von Schlangennadeln – und das Seepferdchen, das aber nicht an deutschen Küsten vorkommt. Fast alle Arten leben bevorzugt in Flachwasserzonen, gut verborgen zwischen Meerespflanzen. Hier stehen sie oft aufrecht, sich mit eingebogenem Schwanz an Pflanzenteilen festhaltend (vgl. Grafik). Körperbau und schmale Flossen bedingen, daß Seenadeln keine guten Schwimmer sind. Mit ihrem pipettenartigen, zahnlosen Maul erbeuten sie vorwiegend Fischbrut und im Wasser schwebende Kleintiere. Die Brutpflege wird vom Männchen übernommen, nachdem das Weibchen die abgelegten Eier in der Bruttasche des Männchens verstaut hat. Hier hüllen Schleimhäute die Eier ein und versorgen diese mit Nährstoffen, bis die nach etwa 4 Wochen bereits vollentwickelten Jungen schlüpfen.

Kabeljau, Dorsch

Gadus morrhua

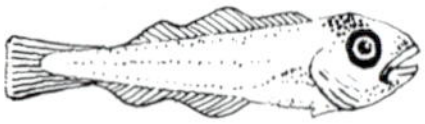

Jungfisch

Jugendliche Fische dieser Art werden bis zur Geschlechtsreife, die in Nord- und Ostsee im Alter von 2–4 Jahren, bei den im Nordatlantik lebenden Exemplaren aber erst mit 12–15 Jahren eintritt, Dorsche genannt. Wachstum und Größe sowie Körperfarbe sind abhängig von den Aufenthaltsgebieten. Alte Fische können bis zu 1,50 m lang und bis zu 40 kg schwer werden. In Nord- und Ostsee kommen verschiedene Stämme von Kabeljauen vor. Diese besitzen unterschiedliche Laichzeiten und suchen spezielle Laichplätze auf, treten aber außerhalb der Laichzeit in gemischten Schwärmen auf. In hiesigen Küstengewässern leben Dorsch bzw. Kabeljau ab etwa 5 m bis 200 m Wassertiefe, doch kommen junge Fische in den Wintermonaten auch schon in 2–3 m Tiefe vor. Sie leben meist in Bodennähe, erscheinen aber nicht selten in höheren Bereichen, insbesondere wenn sie in Schwärmen auf ausgedehnte Wanderschaft gehen oder andere Fische verfolgen. Die Jungen leben zunächst im Freiwasser und gehen erst als etwa 5 cm lange Jungfische zum Grundleben über. Als Raubfisch frißt der Kabeljau sozusagen alles was greif- und freßbar ist. Umgekehrt ist er einer der wichtigsten Nutzfische der Seefischerei.

Kleiner Sandaal

Ammodytes lancea

Von diesem aalschlanken, bis 20 cm langen Fisch, der auch Tobiasfisch und Kleiner Sandspierling genannt wird, kommen 3 sich sehr ähnliche Unterarten in der Nord- und Ostsee vor. Doch sind die Unterschiede nur innerlich, anhand der Anzahl der Rückenwirbel zu erkennen. Ebenfalls sehr ähnlich ist der **Große Sandaal** *(Hyperoplus lanceolatus),* der bis 30 cm lang wird und an den dunklen Flecken über dem Maul zu identifizieren ist. Sandaale sind tagaktiv und stellen, oft in Schwärmen, ihrer Nahrung, Planktontieren und Kleinfischen, in den oberen Wasserschichten nach. Sie selbst wiederum sind bevorzugte Nahrung von Raubfischen wie Lachs, Dorsch und Makrele, werden aber auch von stoßtauchenden Seevögeln erbeutet. Sehr eindrucksvoll und oft zu beobachten ist hier das Zusammenwirken von Makrelen und Seeschwalben. Erstere treiben die Schwärme der Sandaale bei der Verfolgung bis an die Wasseroberfläche, wo sich dann schnell Scharen von Seeschwalben einfinden, um sich ihren Anteil an der Beute zu sichern. Makrelenfischer spähen deshalb nach solchen Seeschwalbenscharen aus. Andererseits können sich Sandaale bei Gefahr rasch in den Sand vergraben, was sie aber auch in Ruhephasen tun.

Roter Knurrhahn

Trigla lucerna

Der Rote Knurrhahn gehört – wie das Foto zeigt – zu den farbenprächtigsten Fischen in der Nordsee, wo er ab etwa 8 m Tiefe lebt. Er fehlt jedoch in der Ostsee. Erwachsene Tiere werden bis zu 70 cm lang, doch halten sich in Küstennähe vorwiegend solche nur von 20–30 cm auf. Der Name Knurrhahn beruht auf der Eigenschaft des Fisches, durch Schwingungen der Schwimmblase knurrende Laute zu erzeugen. Mit den untersten Stacheln der Brustflossen kann der Knurrhahn am Boden »laufen« (vgl. Grafik), doch schwimmt er auch an der Wasseroberfläche und springt gelegentlich sogar aus dem Wasser heraus. Die Stacheln bzw. Strahlen der Brustflossen dienen aber auch als Tastorgane, wenn der Knurrhahn am Boden nach Nahrung, Würmern, Krebstieren u.a. sucht. Ungeachtet des großen Kopfes gilt der Knurrhahn wegen seines festen, weißen Fleisches, als ausgezeichneter Speisefisch und wird zu diesem Zweck von mehreren westeuropäischen Küstenländern aus gefischt.

Häufiger, aber unscheinbarer als die vorherige Art ist der **Graue Knurrhahn** *(Eutrigla gurnardus),* der namentlich im Sommer die Nordsee bevölkert, aber auch bis in die westliche Ostsee vordringt.

Seeskorpion

Acanthocottus scorpius

Ein großer, dornig gepanzerter Kopf sowie große Rükken-, Bauch- und Brustflossen mit stacheligen Flossenstrahlen kennzeichnen das Bild dieses Fisches, der sowohl in der Nordsee wie auch in der Ostsee anzutreffen ist. Seeskorpione werden bis 40 cm, in arktischen Gewässern sogar bis zu 60 cm lang, doch kommen in Küstennähe vor allem Exemplare von etwa 20 cm Länge vor. Name und Gestalt dieses Fisches verbreiten immer wieder die Meinung, daß der Seeskorpion giftig ist. Dies ist aber keineswegs der Fall; doch können die spitzen Flossenstrahlen, ebenso auch der Kiemendeckelstachel, bei unvorsichtiger Berührung tief in die Haut eindringen und schmerzhafte Entzündungen bewirken. Seeskorpione sind gefräßige Fische, die nahezu alles verzehren, was ihnen vor das relativ große Maul kommt. Während der Laichzeit bekommt das Männchen einen roten Bauch mit weißen Flecken. Bei der Verpaarung erfaßt es das Weibchen mit den Brust- und Bauchflossen. Der Laich wird klumpenweise auf den Boden abgelegt und hier vom Männchen bewacht, bis nach etwa 5 Wochen die Larven schlüpfen. Das Fleisch des Seeskorpions hat einen angenehmen Geschmack, doch spielt diese Art für die Fischerei keine Rolle.

Goldbutt, Scholle

Pleuronectes platessa

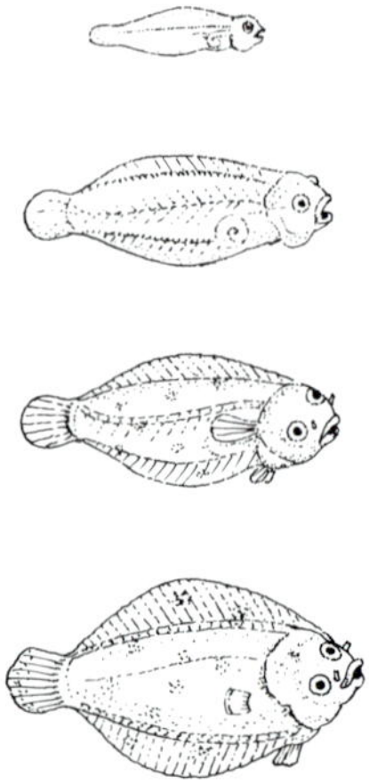

Entwicklung zum Plattfisch

Ein besonderes Merkmal des Goldbutts, auch Scholle genannt, sind die orangeroten Flecken, die unregelmäßig verstreut die ganze sandfarbene Oberseite verzieren. Ausgewachsene Exemplare werden bis zu 80 cm, in Ausnahmefällen bis zu 1 m lang. Doch nahezu alle Schollen enden vorher in den Netzen eines Fischers, so daß derartig große und alte Tiere selten sind. In flachen Bereichen der Nordsee und in der westlichen Ostsee werden sie daher kaum in Größen von über 40 cm angetroffen. Je nach den Wassertemperaturen laicht die Scholle in der Zeit von Januar bis Juni, wobei ein Weibchen bis zu 500 000 freischwimmende Eier ausstößt. Nach etwa 2 bis 3 Wochen schlüpfen daraus die Larven, die zunächst eine normale, symmetrische Form zeigen, bis dann nach einigen Monaten die Umwandlung zum »Plattfisch« beginnt (vgl. Grafiken). Das linke Auge wandert über die Oberkante des Kopfs auf die rechte Seite und bald darauf schwimmt der kleine Fisch als »Plättchen«, die linke, weiß werdende Seite nach unten gekehrt. Am Ende dieser Umwandlung geht der nun etwa 14 mm lange Plattfisch zum Bodenleben über, wo kleine Würmer, Krebstiere und Jungmuscheln die Hauptnahrung bilden. Wie fast alle anderen Plattfischarten, ist auch die Scholle besonders in der Nacht aktiv. Als Speisefisch spielt sie eine große Rolle.

Seezunge

Solea vulgaris

Kennzeichen der Seezunge sind der 30–40 cm lange, gestreckte Körper mit sandfarbener Oberfläche, eine zähe Haut mit kleinen Schuppen, die vom Kopf bis zum Schwanz gleichbreit bleibenden Flossensäume, ein kleiner, rundlicher Schwanz und ein runder, relativ kleiner Kopf. In der Nordsee kommt die Seezunge ab 10 m Wassertiefe vor, doch hat der Bestand dieses edlen Speisefisches durch Überfischung und durch die »Raubfischerei« mit Kettengeschirr sehr gelitten, so daß, wie bei anderen Nutzfischen, entsprechende Schutzmaßnahmen getroffen werden mußten. In die Ostsee dringt die Seezunge nur bis zu den dänischen Inseln vor, erreicht also deutsche Ostseegewässer nicht mehr. Die Laichplätze dieser Art liegen in der südlichen Nordsee, wo das Weibchen im flachen Wasser zwischen April und Juli bis zu 150 000 Eier ablegt. Die weitere Entwicklung gleicht dann jener der Scholle.

Neben diesen beiden genannten Plattfischarten gibt es noch 14 weitere in der Nord- und Ostsee. Zu den bekanntesten gehören **Steinbutt** *(Rhombus maximus)* und **Flunder** *(Pleuronectes flesus).*

Seehund
Phoca vitulina

Von den verschiedenen Robbenarten kommen nur 2 Arten regelmäßig an deutschen Küsten vor: Seehund und Kegelrobbe. Der bis zu 190 cm (Männchen) lang werdende Seehund bevölkert vor allem die küstennahe Nordsee. Hier lebt diese Art rudelweise auf Sandbänken im äußeren Bereich des Wattenmeeres. Sie gilt nach der Roten Liste als »stark gefährdet«. Die hohen Sände sind die Ruheplätze des Seehundes, während die tiefen Wattenströme und die angrenzende Nordsee das Jagdrevier bilden. Hier stellt der Seehund fast ausschließlich Fischen, in geringerem Maße auch Krebstieren nach, wobei das erwachsene Tier einen Nahrungsbedarf von täglich etwa 5 kg hat. Auf den Sänden werden im Juni/Juli die Jungen geboren, die kurz darauf schwimmfähig sind. Gelegentlich gehen Jungtiere der Seehündin verloren und kommen als »Heuler« an die Küste. Ihre Pflege erfolgt in »Heulerstationen«.

An schwedischen und finnischen Küsten gibt es noch Bestände der **Kegelrobbe** *(Halichoerus grypus)*, von denen Einzeltiere immer wieder bis in die westliche Ostsee vorstoßen und dort an deutschen Stränden erscheinen. An der deutschen Nordseeküste kommt ein kleines Rudel auf einer Sandbank westlich von Amrum bzw. südlich von Sylt vor. Dort werden im November oder Dezember die Jungen geboren. Sie können zwar in ihrem weißen Embryonalfell gleich schwimmen, gehen aber erst nach dem Fellwechsel im Alter von 3 Wochen zu Wasser.

Kegelrobbe

Tümmler, Schweinswal
Phocaena phocaena

Von den zahlreichen Walarten in allen Weltmeeren lebt der bis 2 m lang werdende Tümmler dicht an der Nordseeküste und taucht auch mit dem Hochwasser im Wattenmeer auf. Ebenso erscheint diese Art in der westlichen Ostsee. Bei windstillem Wetter und spiegelglatter See sieht man die Rückenflosse des Tümmlers auftauchen oder kleine Gruppen, sogenannte Schulen, spielerisch aus dem Wasser springen. Im Sommer werden gelegentlich junge, nur tagealte Tümmler angetrieben, die pfeifende Laute von sich geben, aber bald an Blutüberhitzung sterben. Erfreulicherweise haben sich Tümmler in den letzten Jahren wieder vermehrt und können deshalb häufiger beobachtet werden, geraten aber auch öfter in Fischernetze, wo sie ertrinken.

Neben dem Tümmler erscheinen auch andere Walarten in der Nordsee, so **Zwerg-** und **Pottwal**, ebenso Delphine, z. B. **Weißschnauzendelphine**. Wenn sie bei Ebbe stranden, sterben sie in der Regel an Blutüberhitzung oder weil die Körpermasse die Lunge zudrückt.

Sterntaucher
Gavia stellata

(Foto oben links)

Brutkleid

An den Küsten der Nord- und Ostsee brüten keine Seetaucher, doch sind verschiedene Arten als Wintergäste zu beobachten. Zu den häufigsten gehört der etwa stockentengroße Sterntaucher, der als Winterkleid eine weiße Vorderseite und einen dunklen Rücken mit weißen Punkten zeigt (Foto). Im Brutkleid (s. Grafik) erscheint dieser Taucher mit hellgrauem Rücken, grauem Kopf und grauem Hals, mit deutlich schwarz-weiß gestreiftem Hinterkopf und einem braunroten Kehlstreifen. Das Brutgebiet liegt nördlich der Linie Schottland – Norwegen – Südschweden – Baltikum. Wie alle Taucher bewegt sich auch diese Art an Land sehr unbeholfen. Doch wenn sie von der »Ölpest« betroffen werden, suchen sie krank oder sterbend den Strand auf.

Goldregenpfeifer
Pluvialis apricaria

(Foto oben rechts)

Verschiedenste, im Norden brütende Limikolenarten, prägen im Frühjahr und Herbst das Vogelleben an den deutschen Küsten. Viele Arten sehen sich sehr ähnlich und sind nur mit Hilfe eines guten Fernglases zu identifizieren. Ebenfalls wird die Bestimmung erschwert durch den Wechsel des Gefieders in der Brut- und Ruhezeit. Einen derartigen »Kleiderwechsel« zeigt uns auch der etwa taubengroße Goldregenpfeifer, der in der Brutzeit eine schwarze Unterseite hat, die durch einen vom Schnabel bis zum Bürzel reichenden weißen Streifen deutlich vom Rücken abgesetzt wird. Die Oberseite besteht aus einem lebhaft schwarz, weiß und gold gesprenkeltem Gefieder. Im Ruhekleid (Foto) aber ist nahezu das gesamte Gefieder vom Kopf bis zum Schwanz braungold gemustert. Unverwechselbar ist allerdings das melodische »Tlüü-i« des Goldregenpfeifers. Die in Mooren Norddeutschlands brütende Unterart gilt nach der Roten Liste als »vom Aussterben bedroht«.

Knutt, Küstenstrandläufer
Calidris canutus

(Foto unten)

Einige der nordischen Limikolenarten treten in der Zugzeit, vor allem während des kürzer dauernden Frühjahrszuges, nicht selten als regelrechte »Wolken« mit bis zu 10000 und mehr Exemplaren auf. Besonders eindrucksvoll sind die Flugspiele dieser Vogelmassen, die abwechselnd ihren dunklen Rücken, dann, wie auf Kommando plötzlich schwenkend, die helle Bauchseite zeigen. Bei Ebbe verteilen sich diese Vogelscharen nahrungssuchend weit über das Watt. Erst die Flut treibt sie zum Lande und in Massen zusammen. Das Foto zeigt eine Ansammlung der amselgroßen Knutts. In ähnlichen Scharen treten auch **Alpenstrandläufer** *(Calidris alpina)* und **Pfuhlschnepfen** *(Limosa lapponica)* auf.

Ringelgans

Branta bernicla

Bläßgans

Kurzschnabelgans

Saatgans

Von den zahlreichen nordischen Vogelarten, die in den Zugzeiten die Küsten und Niederungen an der Nord- und Ostsee bevölkern, gehören die Ringelgänse zu den häufigsten. Zeitweise treten sie in manchen Gebieten in Scharen von einigen zehntausend Exemplaren auf. Das eigentliche Winterquartier dieser Art liegt an britischen, niederländischen und französischen Küsten. Doch erscheinen die Ringelgänse sehr konzentriert auf dem Frühjahrszug, etwa in der Zeit von Anfang März bis Ende Mai, auf den Salzwiesen und Halligen im nordfriesischen Wattenmeer, um hier zu äsen, und reduzieren dabei die Grasmenge derart, daß sich der Viehauftrieb um mehrere Wochen verzögert. Ende Mai ziehen die Ringelgänse zu ihren Brutplätzen auf Inseln im sibirischen Eismeer, wo sie unverzüglich mit der Brut beginnen. Ab Mitte September sieht man diese Art mit ihren Jungen wieder an deutschen Küsten, doch ziehen sie zügig weiter zu ihren westeuropäischen Winterquartieren. Überwinterungen an der deutschen Nordseeküste werden nur bei frost- und schneefreiem Wetter registriert. Ebenfalls als Zugvögel und Wintergäste können im Küstenbereich **Bläßgans** *(Anser albifrons),* **Kurzschnabelgans** *(A. brachyrhynchus)* und **Saatgans** *(A. fabulis)* beobachtet werden (Kopf- bzw. Schnabelzeichnung s. Grafiken).

Weißwangengans

Branta leucopsis

Auch diese Art ist Brutvogel an arktischen Küsten und auf Eismeerinseln. Im Gegensatz zur Ringelgans, deren Bestand in den 70er Jahren von etwa 50000 auf etwa 200000 Exemplare gestiegen ist, gehört die Weißwangengans mit einem Gesamtweltbestand von nur etwa 70000 unverändert zu den gefährdeten Vogelarten. Der herbstliche Durchzug zu den niederländischen und britischen Winterquartieren erfolgt im Oktober/November, der Rückzug ab März, wobei die Weißwangengans ebenfalls eine Zwischenpause an der deutschen Nordseeküste einlegt. Dabei konzentrieren sich Ansammlungen von 20000 und mehr Gänsen insbesondere auf den Salzwiesen der Hamburger Hallig im nordfriesischen Wattenmeer. Ein geringer Durchzug erfolgt auch über die Ostsee. Wie alle Gänse, leben auch Weißwangengänse in lebenslanger Ehe und führen ihre Jungen den Winter hindurch bis zum Beginn der nächsten Brutzeit. Die Nester der Weißwangengänse befinden sich auf Felsvorsprüngen – offenbar eine Schutzmaßnahme gegen Polarfüchse. Kurz nach dem Schlüpfen müssen die Nestflüchter in die Tiefe springen.

Brandgans

Tadorna tadorna

Jungvogel

Dank ihres bunten Gefieders (siehe Foto) gehört die Brandgans – wegen einiger entenartiger Eigenschaften auch gelegentlich Brandente genannt – zu den auffälligsten Vogelgestalten an den Küsten der Nord- und Ostsee. Besonders zahlreich sind Brandgänse im Bereich des Wattenmeeres, in dessen Pfützen und Flachwassern sie nach Nahrung, kleinen Weichtieren, Würmern und Krebsen, suchen. Vermutlich leben die meisten Brandganspaare, wie es bei Gänsen typisch ist, in lebenslanger Einehe. (Enten hingegen verpaaren sich nur immer für eine Brutzeit.) Wegen ihres auffälligen Federkleides sucht die Brandgans als Nistplatz eine Höhle, um sich und ihre Gelege zu verbergen. In der Regel nutzt sie die Höhlen der Wildkaninchen, die auf einigen Ost- und Nordfriesischen Inseln sehr häufig sind. Wo diese Höhlen fehlen, werden aber auch andere Gelegenheiten, Bautrümmer, Strohhaufen, Zugänge unter den Fußböden von Strandschuppen u. ä. gesucht. In Vogelschutzgebieten werden künstliche Höhlen angelegt. Ein Brandgans-Gelege enthält 8–12 rahmweiße Eier, die von der Gans alleine ausgebrütet werden. Doch hält sich der Ganter oft in der Nähe auf und begleitet die Gans zur Nahrungssuche. Die Jungen (Grafik) werden einige Stunden nach dem Schlüpfen in Gewässer bzw. zum Wattenmeer geführt.

Eiderente

Somateria mollissima

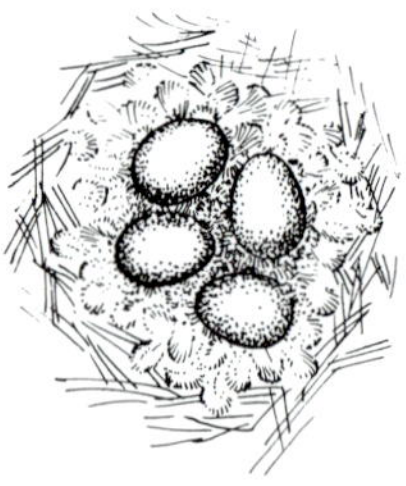

Gelege

Die Eiderente ist die häufigste aller Meeresenten, an allen Küsten des nördlichen Europas, Asiens und Nordamerikas in verschiedenen geografischen Rassen vorkommend. Die südlichste Verbreitungsgrenze dieser Art liegt in der Nord- und Ostsee. Hier brütet sie vorwiegend auf schwedischen und dänischen Ostseeinseln bzw. auf Inseln und Halligen vor der deutschen und niederländischen Nordseeküste. Hauptbrutplatz mit bis zu 1000 Brutpaaren ist Amrum. Obwohl sich die Eiderente zunehmend an der Nordseeküste ausbreitet, gilt sie in Deutschland als »potentiell gefährdet«. Im Winterhalbjahr halten sich Eiderenten draußen auf See auf und kommen erst im April zur Brutzeit an Land. Das Nest mit den 4–6 grünen Eiern liegt oft weitab vom Wasser recht wahllos im Gelände (vgl. Grafik). Bei Beginn der Brut rupft sich die Ente Daunen aus, die, über das Gelege gedeckt, die Brutwärme erhalten, wenn die Ente auf Nahrungssuche ist. Die geschlüpften Jungen werden gleich zum Meer geführt, wo sich stets mehrere Entenmütter zusammen schließen, um die Schar ihrer Jungen zu betreuen.

Säbelschnäbler

Recurvirosta avosetta

Seihschnabel im Flachwasser

Mit seinem kontrastreichen schwarz-weißen Gefieder und dem säbelartig aufwärts gebogenen Schnabel ist der Säbelschnäbler eine bemerkenswerte Vogelart. Mit seinem Schnabel stochert der etwa stockentengroße Säbler nicht nach Bodengetier, sondern erbeutet seine Nahrung derart, daß er mit raschen Hin- und Herbewegungen das flache Wasser von Lagunen, Tümpeln und Prielen durchsiebt und das hier lebende Kleingetier erfaßt (Grafik). Auch kann der Säbler ausgezeichnet schwimmen, da zwischen seinen Zehen in gewissem Umfange Schwimmhäute ausgebildet sind. Säbler nisten auf Salzwiesen dicht am Wattenmeer oder im Verlandungsgebiet von Lagunen, wo sie kleine Inseln und Grasbülten nutzen oder im flachen Wasser ein Nest aufschichten. Verschiedene Eindeichungsmaßnahmen mit der Bildung von Wasserspeicherbecken (Rantum-Becken Sylt, Hauke-Haien-Koog, Nordstrander Bucht, Meldorfer Bucht u. a.) sind dieser Art bezüglich der Schaffung neuer Brutbiotope sehr förderlich gewesen. Störenfriede werden im Brutgebiet mit klagenden »blüt-blüt-blüt«-Rufen empfangen.

Austernfischer

Haematopus ostralegus

Stocherschnabel im Watt

Neben verschiedenen Möwenarten bestimmt der Austernfischer das Erscheinungsbild der Vogelwelt an deutschen Küsten. Vor allem an der Nordsee mit dem nahrungsreichen Wattenmeer ist der etwa stockentengroße Watvogel überaus häufig. Zusätzlich macht sich der Austernfischer immer wieder bemerkbar durch seine ständigen Rufe, die zu jeder Tages- und Jahreszeit Luft und Landschaft am Meer erfüllen. Wenn nicht strenge Winter mit Eisbedeckung den Austernfischer zum Ausweichen nach westeuropäischen und atlantischen Küsten zwingen, bleibt er ganzjährig in der Heimat und besetzt bereits ab März sein Brutrevier. Ein Austernfischerpaar lebt in der Regel in Jahrzehnte dauernder Einehe und brütet auch Jahr um Jahr am gleichen Platz, wenn hier keine wesentlichen Veränderungen erfolgten. Ab Anfang Mai legt das Weibchen 3, manchmal 4 Eier, hühnereigroß, rahmgelb, mit schwarzen Flecken. Wie bei fast allen Limikolen brüten beide Elternvögel und führen auch gemeinsam die Jungen. Doch suchen sich die nestflüchtenden jungen Austernfischer die Nahrung nicht selbst, sondern folgen den im Gelände umherstreifenden Eltern, die Bodengetier herausstochern (Grafik) und ihren Jungen vorhalten. Gelegentlich fliegt ein Elternvogel auch zum Watt, um einen Wattwurm oder eine Miesmuschel zu holen.

Sand-regenpfeifer

Charadrius hiaticula

Sandregenpfeifer »verleitet«

Der etwa amselgroße Sandregenpfeifer ist gekennzeichnet durch ein kräftiges weißes und schwarzes »Halsband«. Deshalb wurde er früher auch Halsbandregenpfeifer genannt. Nord- und Ostseeküste bilden in etwa die südlichste Verbreitungsgrenze dieser in Nordeuropa und an sibirischen Küsten brütenden Art. Als Brutgebiet bevorzugt der Sandregenpfeifer mit Steingeröll bedeckte Strände (Ostsee) oder Sandstrand mit Muschelschalen (Nordsee), benutzt auch gelegentlich Bauschutt- und Aufspülgelände im Küstenbereich. Zwischen Steinen, Muschelschalen und Strandgut ist der Sandregenpfeifer durchweg gut getarnt, so daß man erst durch seinen wehmütigen Ruf »büüip« auf seine Anwesenheit aufmerksam wird. Ebenso gut verborgen ist das Gelege mit den 4 hellgrauen, dunkelpunktierten Eiern. Obwohl es offen am Boden liegt, »verschwindet« es doch optisch völlig in der Umgebung zwischen Steinen und Muschelschalen. Nahezu unmöglich ist es auch, die nestflüchtenden Jungen im grauen Dunenkleid zu sehen, wenn sich diese bei Gefahr regungslos zu Boden drücken. Bei Störung und Gefahr stellt sich der Sandregenpfeifer häufig flügellahm, um Feinde vom Brutplatz abzulenken bzw. zu »verleiten« (Grafik).

Seeregenpfeifer

Charadrius alexandrinus

Der Seeregenpfeifer hat eine gewisse Ähnlichkeit mit dem Sandregenpfeifer, doch ist er etwas kleiner und es fehlt die weiß-schwarze Halsband- und Kopfzeichnung. Nur beim Männchen ist ein entsprechendes Kopfgefieder sowie der Ansatz eines Halsbandes zu sehen. Auch sind Schnabel und Beine schwarz, nicht gelb, wie beim Sandregenpfeifer. Und während letzterer an Nord- und Ostsee die Südgrenze des Brutvorkommens hat, bildet eben dieser Landschaftsraum für den Seeregenpfeifer die nördlichste Verbreitungsgrenze. Wenn sich die Bestandszahlen einer Vogelart durch natürliche Verluste, Bejagung oder aus klimatischen Gründen verringern, ist ein solcher Vorgang zuerst in den Grenzbereichen des Verbreitungsgebietes zu registrieren. Eine solche Entwicklung zeichnet sich derzeit beim Seeregenpfeifer ab; er gilt nach der Roten Liste als »stark gefährdet«. Auch der Seeregenpfeifer liebt sandiges Gelände mit Steinen oder Muschelschalen, doch findet man auch oft Gelege unter den langen, dünnen Halmen von Strandpflanzen. In einer Sandmulde liegen 3 bodenfarbene Eier mit feinen Strichen, leicht vom Gelege des Sandregenpfeifers zu unterscheiden.

Großer Brachvogel

Numenius arquata

Jungvogel (Nestflüchter)

Kennzeichnend für diese Art ist das braungestreifte Gefieder und der lange, abwärts gebogene Schnabel. (Bei der ähnlichen Pfuhlschnepfe ist der Schnabel aufwärts gebogen.) Als Zugvogel und Sommergast ist der etwa stockentengroße Große Brachvogel an deutschen Küsten, vor allem im Wattenmeer sowie in meernahen Marschen, eine ständige und häufige Erscheinung, unverwechselbar auch durch sein weiches, melodisches Rufen »küüit« und langhingezogenes Trillern »trüüi trüüi trütrütrütrütrüü«. Als Brutvogel kommt der Große Brachvogel jedoch nur in geringer Anzahl an der Nordseeküste vor, am beständigsten auf einigen Ostfriesischen Inseln, aber nicht auf Feuchtgelände, sondern in den Dünen. Er gilt nach der Roten Liste als »stark gefährdet«. Das Gelege enthält 4 relativ große Eier. Die nestflüchtenden Jungen (Grafik) werden zunächst von beiden Elternvögeln, später nur noch vom Männchen geführt. Die Nahrung, Bodengetier, wird mit dem langen, feinfühligen Schnabel ertastet und herausgestochert.
Ein sehr ähnlicher, aber deutlich kleinerer Verwandter des Großen Brachvogels ist der **Regenbrachvogel** *(Numenius phaeopus)* der in der Zugzeit an der Küste und im Wattenmeer erscheint.

Rotschenkel

Tringa totanus

Die roten Beine gaben diesem braungesprenkelten Watvogel den zutreffenden Namen. Rotschenkel sind quer durch Europa und Asien in Feuchtgebieten als Brutvögel verbreitet, aber nirgends so häufig wie in den Salzwiesen und Marschen an der Nordseeküste. Die Art gilt in Deutschland als »gefährdet«. Der Rotschenkel ist etwas größer wie eine Amsel, macht aber weniger durch seine eher unauffällige Gestalt als vielmehr durch seine Ruffreudigkeit auf sich aufmerksam. Immer wieder ist das melodische »Klüüdl-lüüddl« oder »Tjüü-tjüü-tjüü« zu hören. Ab Mitte April bis in den Sommer hinein steigen die balzenden Männchen mit eigenartig zitternden Flügelschlägen über dem Brutrevier auf, gleiten mit ausgespannten Flügeln wieder herab und steigen abermals auf, dabei unentwegt ihre wohllautende Strophe rufend. Ende April, Anfang Mai legt das Weibchen 4 birnenförmige Eier mit rahmgelber Grundfarbe und rotbraunen Flecken. Aber im Gegensatz zu den Gelegen fast aller anderer Limikolen ist jenes des Rotschenkels unter dichten Gräsern verborgen. Männchen und Weibchen brüten abwechselnd und führen auch gemeinsam die wenige Stunden nach dem Schlüpfen aus dem Nest laufenden Jungen.

Heringsmöwe
Larus fuscus

Heringsmöwe im 1.Jahr

Heringsmöwen erkennt man an den dunklen Flügeldecken, die bei der westlichen Rasse *L.f. graellsii* schiefergrau, bei den skandinavischen und baltischen Rassen *L.f. intermedius* und *L.f. fuscus* samt- bis tiefschwarz sind. Von der ähnlichen, jedoch bedeutend größeren **Mantelmöwe** *(L. marinus)*, läßt sich die Heringsmöwe bei fehlenden Größenmaßstäben am ehesten durch die gelben Beine unterscheiden. Die Mantelmöwe hat fleischrote Beine. Als einzige unserer einheimischen Möwenarten ist die Heringsmöwe Zugvogel, die im Winter bis hinunter zur westafrikanischen Küste fliegt. Bis Mitte der 70er Jahre kam die Heringsmöwe innerhalb der deutschen Grenzen als Brutvogel nur auf den beiden ostfriesischen Sandeilanden Memmert und Mellum vor. Seitdem aber breitet sich diese Art aus und brütet jetzt schon in beachtlicher Zahl auf der Insel Trischen (zwischen Helgoland und der Westküste Schleswig-Holsteins) sowie auf Amrum.

Silbermöwe
Larus argentatus

Silbermöwe im 1.Jahr

Von den 44 Möwenarten auf der Erde ist die Silbermöwe am häufigsten. Sie ist sozusagen an den Küsten der ganzen nördlichen Halbkugel verbreitet, ebenso an größeren Binnenseen. Besucher der Ostsee und Nordsee sehen diese Art fast ständig am Strande, auf dem Wasser, in den Häfen oder am Himmel und hören immer wieder ihre Rufe »kü-o kü-o« und »gagagagak«. Besonders bekannt sind Silbermöwen als Begleiter von Fischkuttern und Fährschiffen – im letzteren Falle oft so nahe und vertraut heranfliegend, daß sie hingehaltene Brotstücke den Passagieren aus der Hand picken. Hauptbrutplätze sind Inseln und Halligen an der Nordseeküste, im Bereich der Ostfriesischen Inseln beispielsweise Memmert mit rund 7000, Langeoog mit etwa 6000, Mellum mit 5000 Brutpaaren. Einige tausend Paare brüten auch auf Trischen und Amrum. Junge Silbermöwen sind zunächst braungefleckt (Grafik), werden in den folgenden Jahren heller, legen aber erst im 4. Lebensjahr ihr typisches »Möwenkleid«, das weißleuchtende Gefieder mit den silbergrauen Flügeldekken an, um sich anschließend für eine in der Regel Jahrzehnte dauernde Ehe zu verpaaren. Als Aas- und Allesfresser vertilgen sie von Muscheln bis zu Seehundskadavern alles, was die Natur zu bieten hat, finden sich aber auch an Fischfabriken und Müllplätzen ein und rauben sich gegenseitig, aber auch anderen See- und Strandvögeln Gelege und Junge. Deshalb sind gewisse »Bestandslenkungen« notwendig.

Lachmöwe
Larus ridibundus

Winterkleid

Kennzeichnend für diese zierliche Möwe sind der dunkelrote Schnabel, die dunkelroten, aber fast schwarz wirkenden Beine und vor allem der dunkelbraune Kopf, den die Lachmöwe aber nur während der Brutzeit trägt. Im Spätsommer verliert sich das dunkle Kopfgefieder und es bleibt nur ein Fleck hinter den Augen zurück (Grafik). Die Bezeichnung »Lach«möwe bezieht sich jedoch nicht auf die Stimme, die keineswegs wie ein Lachen klingt, sondern aus eher heiseren Rufen wie »rav-rav« und »kra kra« besteht. Bei Angriffen auf Störenfriede im Brutgebiet läßt die Lachmöwe ein aufgeregtes »Kär keckkeck« hören. Vielmehr wird der Name dieser Möwe aus deren Vorkommen an Lachen, flachen Seen und Teichen, hergeleitet. Die früher aber fast nur im Binnenlande brütende Lachmöwe hat sich nach 1950 – offenbar infolge der Zerstörung und Kultivierung ihrer binnenländischen Brutplätze – derart über Inseln und Halligen der Nordseeküste verbreitet, daß sie hier inzwischen häufiger ist als die Silbermöwe. Aufgrund ihrer Vorliebe für Feuchtgelände liegen die Nester der Lachmöwen mit den 3 braunen oder grünen, dunkelgefleckten Eiern auf kleinen Erhebungen und sind mit umfangreichem Nistmaterial hoch aufgeschichtet. In dichtbesetzten Kolonien liegen die Nester nur wenige Meter auseinander und ständig hört man das Rufen der reviermarkierenden Möwen.

Sturmmöwe
Larus canus

Diese Möwenart erscheint auf den ersten Blick wie eine kleine Silbermöwe. Doch ist der Schnabel der Sturmmöwe viel zierlicher und ohne roten Fleck, und die Beine sind grünlichgelb – bei der Silbermöwe hellrot. Am ehesten aber läßt sich die Sturmmöwe an ihrer Stimme, dem lauten »Meo meo« identifizieren. Nordsee- und Ostseeküste bilden in etwa die südliche Verbreitungsgrenze dieser über Nordeuropa und Sibirien verbreiteten Art. Bis etwa Mitte des 20.Jahrhunderts galt die Sturmmöwe als Charaktervogel der Ostsee, wo sie auf Wardern, Nehrungen und Inseln in Kolonien mit einigen tausend Paaren brütete. Dagegen trat sie an der Nordseeküste nur auf wenigen Düneninseln (Sylt, Amrum) auf. Doch ist nun seit den 60er Jahren ein deutliches Anwachsen der Sturmmöwe zu bemerken – auf dem Hauptbrutplatz Amrum mit über 500 Paaren. Sturmmöwen nisten gerne gesellig auf erhöhten Gras- oder Strandhaferbülten. Doch halten sie deutliche Distanz zu Silbermöwen, die sie als gelegentliche Räuber ihrer Gelege und Jungen heftig attackieren.

Flußseeschwalbe
Sterna hirundo

Der Name dieser Seeschwalbenart ist heute nicht mehr korrekt, denn schon um die Jahrhundertwende begann die Flußseeschwalbe vom Binnenlande aus – wo sie gegenwärtig an Flüssen und Seen nur noch in kleinen Beständen vorkommt und als »stark gefährdet« gilt – die Küsten und Inseln der Nordsee und Ostsee zu besiedeln. Hier gehört sie inzwischen zu den häufigsten der einheimischen Seeschwalbenarten und weist sich auch durch zahlreiche Brutplätze aus. Doch kann man die knapp taubengroße Flußseeschwalbe aus einiger Entfernung nur schwer von der gleich großen Küstenseeschwalbe unterscheiden, am ehesten noch an der schwarzen Spitze des roten Schnabels. Beide Arten brüten gern in gemischten »Kolonien«, wobei die Küstenseeschwalbe jedoch kahle, sandige Stellen bevorzugt, während die Flußseeschwalbe kurzgrasiges Gelände vorzieht. Oft kann man beide Arten am Nest und Gelege unterscheiden. Wegen ihrer ursprünglichen Herkunft aus Feuchtgebieten macht die Flußseeschwalbe meist noch ein richtiges Nest aus trockenen Halmen und legt 3 Eier, während sich die Küstenseeschwalbe mit einer Sandmulde begnügt und nur 1–2 Eier legt.

Küstenseeschwalbe
Sterna paradisaea

rüttelnde Küstenseeschwalbe

Küsten und Inseln der Nord- und Ostsee bilden die südlichste Verbreitungsgrenze dieser Seeschwalbenart. Nordwärts dehnt sich ihr Brutgebiet bis zur Nordspitze von Grönland aus. An deutschen Küsten kommt die Küstenseeschwalbe, die nach der Roten Liste als »gefährdet« gilt, vorwiegend in den Vogelschutzgebieten vor, nutzt aber auch Sandstrände und meernahe Kleinbiotope wie Sand- und Kiesaufspülungen aus Hafenbecken, wobei sie zum Menschen eine oft sehr geringe Fluchtdistanz hält. Störenfriede werden im Sturzflug mit wütendem »Krriä«-Ruf angegriffen und auf den Kopf gehackt. Wie alle Seeschwalben sind auch Küstenseeschwalben nur »Sommergäste«, die erst im Laufe des Aprils bei uns eintreffen. Vor der Verpaarung spielt die Übergabe eines Fisches vom Männchen zum Weibchen eine große Rolle. Beide Elternvögel brüten die buntgefleckten Eier aus und füttern die Jungen ausschließlich mit Fischen, die sie stoßtauchend erbeuten. Kaum sind die Jungvögel im Laufe des Juli flügge geworden, ziehen die Küstenseeschwalben wieder ab, folgen der westeuropäischen und westafrikanischen Küste und erreichen schließlich ihre Winterquartiere am Eisrand der Antarktis. Dabei fliegen sie zwischen Brutheimat und Winterquartier alljährlich bis zu 50 000 km.

Zwergseeschwalbe
Sterna albifrons

Gelege mit »Muschelkranz«

Sowohl in der deutschen als auch in der wissenschaftlichen Bezeichnung dieser Seeschwalbenart werden wesentlichste Merkmale genannt: Sie ist die kleinste von allen (reichlich amselgroß) und hat eine weiße Stirn bei sonst schwarzer Kopfplatte. Am ehesten identifiziert man sie unter den am Strand herumfliegenden Seevögeln durch ihr weichen Rufe, »wät wät« oder »wittwitt wittewitt«. Von den einheimischen Seeschwalben gehört die Zwergseeschwalbe zu den am meisten gefährdeten Arten an den deutschen Küsten, weil ihr bevorzugter Brutplatz, Sandstrände, weitgehendst identisch ist mit den Landschaftsansprüchen des Fremdenverkehrs bzw. Badelebens. Infolgedessen gibt es an der Nord- und Ostsee nennenswerte Bestände nur noch in den bewachten Vogelschutzgebieten. Aber auch dort brüten die Zwergseeschwalben nicht ungefährdet, weil die flachen Sandstrände bei Sturmfluten nicht selten überflutet werden. Die Art gilt als »stark gefährdet«. Das Gelege liegt in einer einfachen Sandmulde, die aber oft mit Muschelschalen ausgeschmückt wird (Grafik). Die Jungen verlassen bald nach dem Schlüpfen den Nistplatz und suchen in der spärlichen Strandvegetation Schutz vor Sandflug und Wind.

Brandseeschwalbe
Sterna sandvicensis

Ebenso wie die vorgenannte Zwergseeschwalbe kommt auch die etwa taubengroße Brandseeschwalbe nur noch an wenigen Stellen der deutschen Nord- und Ostseeküste vor, ebenfalls nur noch in bewachten Schutzgebieten. Sie gilt nach der Roten Liste als »gefährdet«. Bedeutendste Brutplätze sind gegenwärtig die Insel Trischen mit über 3000 Paaren und die Hallig Norderoog mit etwa 1000 Paaren. Im Bereich der Ostsee ist die Insel bei Oehe (Schleimündung) ein ständiger Brutplatz. Andernorts ist die Brandseeschwalbe unstet, erscheint und brütet einige Jahre und verschwindet dann wieder. Als Brutplatz bervorzugt diese Art flache Sandwälle mit dünner Vegetation. Hier konzentrieren sich dann in der Zeit zwischen Anfang Mai bis Mitte Juli »Kolonien« Hunderter, ja Tausender Brandseeschwalbenpaare, wobei der Abstand der Gelege nur 20–30 cm beträgt. Es ist ein Wunder, daß jedes Paar in dieser Masse stets das eigene Gelege und später dann auch an der Stimme in der Vielzahl der herumlaufenden Jungen zum Füttern die ihrigen erkennt.
Schon ab Ende Juli ziehen die Brandseeschwalben mit ihren gerade flügge gewordenen Jungen wieder ab zu den Winterquartieren an südafrikanischen Küsten.

Der Vogelfelsen Helgoland

Trottellumme
Brutkleid

Tordalk
Winter

Viele der nordatlantischen Meeresvögel sind Felsbrüter an hohen, steilen Klippen über dem Meer. Im Bereich deutscher Küsten erfüllt nur die Westklippe des Buntsandsteinfelsens Helgoland jene Bedingungen, die von diesen Vögeln an ihren Brutplatz gestellt werden, so daß sich das Vorkommen der nachfolgenden Arten auf Helgoland beschränkt.

Das nebenstehende Foto zeigt den bekannten »Lummenfelsen«. Oben, auf der vom Kot der Vögel weißgekalkten Fläche, sitzen die **Trottellummen** *(Uria aalge)*, die hier mit etwa 2000 Paaren brüten (vgl. Grafik). Die etwa stockentengroßen Trottellummen, die zur Familie der Alken gehören, wirken durch ihr schwarzweißes Gefieder und die aufrechte Körperhaltung wie Pinguine. Als ausgesprochene Hochseevögel kommen sie nur zum Brüten an Land, besetzen die Helgoländer Klippe aber bereits im März, um ihren kleinen Platz zu behaupten. Dort sitzen die Brutvögel so dicht nebeneinander, daß sie sich manchmal berühren, und diese Konzentration ist nur möglich, weil Trottellummen relativ friedlich sind. Erst im Mai wird das einzige buntgefleckte Ei ohne jegliche Nestunterlage auf den kahlen Stein gelegt, doch wählt die Lumme eine Vertiefung, damit das Ei nicht umher- oder herunterrollen kann, wenn es im Gedränge der Vögel angestoßen wird. Beide Elternvögel brüten und füttern später den Jungvogel mit Fischen. Einige Wochen nach dem Schlüpfen, aber noch längst nicht flugfähig, wird der Jungvogel von den Eltern vom Brutfelsen heruntergelockt und muß dann mit ängstlichem Quarren den etwa 50 m hohen Absprung in die Nordsee wagen. Anschließend schwimmt die Familie hinaus auf die freie See. Außerhalb Helgolands werden Trottellummen an der deutschen Nordseeküste fast nur als Opfer der »Ölpest« angetroffen, wenn sie krank oder sterbend den Strand aufsuchen. Auf der Ostsee beobachtet man Vögel von dänischen und schwedischen Brutplätzen.

Außer den Trottellummen wird die Westklippe Helgolands von **Dreizehenmöwen** *(Larus tridactylus)* bevölkert, gegenwärtig mit etwa 2500 Brutpaaren. Auch diese Art treibt sich die meiste Zeit des Jahres draußen auf dem Meere umher und findet sich nur zur Brut an den Felswänden ein. In jüngster Zeit haben sich auch **Tordalken** (*Alca torda;* vgl. Grafik), **Baßtölpel** *(Sula bassana)* und **Eissturmvögel** *(Fulmarus glacialis)* mit einigen Brutpaaren auf dem Vogelfelsen Helgoland angesiedelt.

Register

Deutsche Namen

Wissenschaftliche Namen